穿出你的品位与气质

现代女性衣装搭配的方法与技巧

朱博芳◎编著

CHUANCHU NIDE
PINWEI YU QIZHI

人民日报出版社

图书在版编目（CIP）数据

穿出你的品位与气质 ：现代女性衣装搭配的方法与技巧 / 朱博芳编著. -- 北京 ：人民日报出版社，2018.1
ISBN 978-7-5115-5171-9
Ⅰ. ①穿… Ⅱ. ①朱… Ⅲ. ①女性－服饰美学 Ⅳ. ①TS973
中国版本图书馆CIP数据核字（2017）第314185号

书　　名：穿出你的品位与气质：现代女性衣装搭配的方法与技巧
作　　者：朱博芳

出 版 人：董　伟
责任编辑：刘天一
封面设计：陈国风

出版发行：人民日报出版社
社　　址：北京金台西路2号
邮政编码：100733
发行热线：（010）65369527 65369846 65369509 65369510
邮购热线：（010）65369530 65363527
编辑热线：（010）65369844
网　　址：www.peopledailypress.com
经　　销：新华书店
印　　刷：北京柯蓝博泰印务有限公司

开　　本：710mm×1000mm　1/16
字　　数：191千字
印　　张：14.25
印　　次：2018年1月第1版　　2018年1月第1次印刷

书　　号：ISBN 978-7-5115-5171-9
定　　价：39.80元

追求美丽，是女人的天性，最直接的表现就是“爱穿”。“女人的衣橱里永远缺少一件衣服”，女性对此深表认同。对于女性来说，一身得体漂亮的服饰不仅可以有效地遮掩身材上的缺陷，让平凡的女性变得光彩照人，充满自信，而且也在无声地展示着女性的品位、教养甚至经济地位。

但是，仅仅“爱穿”是不够的，真正要穿出风格，穿出品味，穿出美丽和优雅，必须懂得搭配的技巧。会搭配的人能把平凡普通的衣服穿出大牌的感觉，轻松穿出时尚与美丽，买衣服时也更加得心应手，把钱都花到值得的地方。而不懂搭配的人衣橱里装满名牌穿出来却土里土气，让人失望。特别是在特定的场合，比如面试、谈判、社交的时候，穿错衣服就等于已经输了。所以，要真正掌握穿衣的精髓，真正穿出美丽，引来赞赏与回头率，就需要好好地探求一下穿衣之道，多学习穿衣搭配的技巧，让自己越来越有气质，越来越有魅力。

然而，穿衣搭配是一门很大的学问，绝非三言两语就能说清道明的。相信大家都有体会，街头橱窗里绚丽多姿、让人眼花缭乱的衣物和配饰，如何正确搭配起来，完美地穿在自己身上，展示自己独特的气质，并不是一件容易的事。因为要衣着得体、漂亮，不仅与自己的身材、体型、肤色、妆容密切相关，而且与时间、地点、场合联系紧密，同时还要兼顾自己的职业、身份、目的、要面对的对象等。不经过认真的学习和长期的锻炼还真不容易能成为一个搭配高手。

本书专门阐述了现代职业女性衣着搭配的一些基础性常识和关键点，针对及不同体型、不同肤色、不同妆容、不同身份、不同季节该如何搭配服装的方法和技巧作了深入的阐述。

俗话说，“三分相貌，七分打扮”，穿对了，搭配好了，每一个女人都是一道独特而美丽的风景。

第一章　穿搭讲规则，规范着装让自己更有气质

人们常说："穿衣戴帽，各有所好"，想怎么穿就怎么穿。但在职场却不是这样，职场穿衣自有职场的规则，只有遵守这些规则，穿得规范严谨又端庄优雅，才能真正体现出职场女性的知性品位和优雅气质，更有利于自己的工作开展。

第二章　在什么场合着什么装，穿错你就输了

在什么场合着什么装，可以说是一条穿衣金规。庄重的场合，就该穿庄重的衣服，休闲的场合，自当有休闲的样子。看似无关紧要，但若穿错，必会引起尴尬。

第三章　注意自己的职业和身份，展示独特魅力

职场不是秀场，而是战场，不论男性女性，每一个人都要使出全力拼命冲杀，才能争得一席之地。所以，职场穿衣不需要太多的性感和美丽，最需要的是专业和精干。着装时无论是简洁大方还是优雅得体，都要符合自己的身份和职业，在打造专业形象的同时，展示自己的独特魅力。

第四章 了解自己的体型，搭配得当展现完美身材

修饰身材，是服装最重要的功能之一。搭配得宜的服装能很好地掩盖体型缺陷，扬长避短，塑造优美身材。故而穿衣搭配时要关注自己的体型，选择最适宜自己的服装，精心搭配，从而展示完美的自己。

第五章　破解色彩谜语，找到最适合自己的“代言色”

每个人因为肤色、气质的不同，适合的颜色也各不相同。那么究竟什么颜色的服装最适合自己，穿上后能为自己增姿添彩、锦上添花呢？这就需要我们破解色彩谜语，选择色彩最适宜自己的服装，找到自己的“代言色”，使其与肤色气质相得益彰，更添神采。

第六章　拥抱春夏秋冬，搭配四季的浪漫和缤纷

季节不同，穿着打扮不同。春夏秋冬，各有各的特色，我们的服装搭配也要应和四季的脚步，搭配出不同的风采，与季节共舞出绚丽与缤纷。

第七章 搭配缤纷配饰，创造画龙点睛的奇迹

搭配要重视细节，而细节的关键就在于配饰。经典的配饰只需一点点，就可以让审美品位和整体造型瞬间提升，看似不经意的点点缀缀，却足以创造出画龙点睛的奇迹。所以追求完美的女性，不会忽视配饰的搭配。

第八章 重视整体协调，让妆容和发型为衣饰添彩增色

完美的造型搭配并不单单只是服装搭配，从鞋袜、丝巾到珠宝手包，擅长穿搭配色的女性都懂得如何运用服饰小配件来为造型加分，但是，妆容也是整体形象协调的重要环节，妆容、配饰都能与服装完美搭配，整体的造型才会美感十足，协调和谐，带来美的享受。

第一章

穿搭讲规则，规范着装让自己更有气质

人们常说："穿衣戴帽，各有所好"，想怎么穿就怎么穿。但在职场却不是这样，职场穿衣自有职场的规则，只有遵守这些规则，穿得规范严谨又端庄优雅，才能真正体现出职场女性的知性品位和优雅气质，更有利于自己的工作开展。

1. 穿衣并不是率性而为的事

职场穿衣，虽然不强求同一化，却不可率性而为，因为穿衣戴帽看起来是很私人、很个性的事情，实际上却对你的工作影响很大。穿着打扮太过率性随意，可能在不经意之间，客户都已经远离你了。

* *

小丽对此感触尤深。那时她刚毕业一年，在一家设计公司做销售代表，一起进来的有几个实习生，小丽属于肯吃苦很上进的一个。无论是跑外勤、做方案，还是接待客户甚至跑腿打杂，小丽都努力认真地做，毫无怨言。领导很欣赏她的认真劲儿，经常表扬她，还特意把公司里合作很久的一个老客户交给小丽对接，等于给了小丽一个天大的好机会。小丽也很珍惜这个机会，去拜访客户前做了充分的准备，无论是材料还是说辞都自认为完美无缺。但是令小丽没想到的是，客户却并不认同她，反倒在领导面前告了她的状，要求更换对接的业务员。小丽很是难受，更多的是不解，就跑去问自己哪里做得不好。原因却让小丽哭笑不得。原来这位客户比较稳重，也喜欢办事踏实沉稳的人。小丽工作虽然做得不错，但那天的打扮却很随意很休闲，不像一个资深的销售业务员，这位客户根本不放心由小丽来做对接。小丽没想到自己处处小心谨慎，最终却败在看似与工作完全不相干的穿着上。

难过之余，小丽终于明白了一件职场上看似平常其实很重要的一件事：职场穿衣真不是一

件可以率性而为的事情，随随便便的穿着很有可能让你失掉很多机会，所以你的穿着一定要与职业相匹配！之后，小丽专门研究了职场穿衣打扮的一些规则，上班时间完全抛弃了牛仔裤、T恤衫及卡通图案等一切让自己显得幼稚、外行的穿着，而是选择庄重大方、更显稳重成熟的衣饰。特别是一些正式的场合，比如见客户、参加公司聚会、正规的会议等，更是特别注意穿着打扮是否与自己的职业和身份相适应，并且不再忘记给自己化一个淡妆。

* *

可见，职场着装是相当严肃和重要的，容不得半点马虎，特别是在正式的场合。穿得不对，一定会影响到我们的形象。因为不管我们愿不愿意，大多数人第一次对一个人下定义时，都会通过对他的穿衣打扮和言行举止的印象来进行。这个人是精明干练还是拖沓平庸，是温和低调还是处事张扬，3秒钟就可以判定。所以，“你就是你穿的衣服”，你的一切，包括社会地位、收入状况、职业背景、知识修养、性格爱好甚至职业和能力，都会在你的穿着中无声地体现出来，并且决定着你在别人心目中的地位和受欢迎的程度。法国时装设计师香奈儿曾说：“当你穿得邋遢或是过于随便时，人们注意的就是你的衣服；当你穿着无懈可击时，人们注意的是你本人。”莎士比亚也说：“外表显示人的内涵。”女性尤其如此。所以职场女性一定要注意职场穿着的规则，遵守基本的着装原则，切不可随心所欲、率性而为。

一般来说，正式的职场着装，一定要以正装为主，也就是制服或深色的西装、套裙等，还要与自己的身份、地位、性别、年龄相契合，这样才能展现出职场女性应有的形象。那种花红柳绿、胡搭乱配、新潮时髦、装嫩卖萌、满身卡通图案甚至难分男女样式的随心所欲的着装，是需要摒弃的。职场女性要特别注意服装的款式、色彩和搭配，不能大红大绿，选取服装应当合乎身份，以庄重、朴素、大方为要。工作中所选择的服饰，要符合常规的审美标准，保持服装的整齐干净。如果一个人的穿着与地位不相称，与环境不相配，与场合不相宜，形象就会大大受损，很可能会和小丽一样，失去一个大好的机会。

在职场，职位越高，穿着越显重要。如果你是一般职员，那么不要穿那些不适于工作的业余休闲服装。如果你为领导者、负责人，那么要穿质量过得去的衣服，让自己具有成功者的形象。女性对这一点尤其应当予以重视，切不可将新潮、浪漫甚至奇异的装束“引进”工作场合。

无论从事何种职业，位于何种职级，穿衣打扮符合职场身份，是对现代职业女性共同的要求。一定要有重视着装的意识，抛开那些所谓“穿衣戴帽，各有所好”的老套说辞，摒弃随心所欲、随随便便穿衣打扮的观念，做到规范穿着，树立良好的职场形象。

2. 穿得整洁干净是最基本的素养

穿衣打扮，从古至今，最讲究的不是质地如何优良，花色如何华美，款式如何新颖，而是是否干净整洁。无论在什么时候、什么场合、什么地方，这都是最基本的标准。即便是在物质匮乏、衣食不足，老百姓只要能有口饱饭吃、有件衣服穿就满足的年代，不讲究山珍海味、锦绣华服，但干净整洁依然是最基本的礼貌和素养。一件衣服会穿很多年，“新三年，旧三年，缝缝补补又三年”，爹穿了儿子再穿，大的穿完小的接着穿是常有的事。这样的条件下“整洁干净”原则却从来不曾少过。

衣服旧可以，补也没问题，即便补了又补，成了“百衲衣”，也一定

要洗得干干净净、补得周周正正了再穿出来。这样的衣服穿出来给人的印象依然会是清爽、朴素的，并不会因为衣服旧而失了气质。同样，即使一件上等华美的高级丝绸衣服，如果不洗不管，任其脏污不堪，皱皱巴巴地穿在身上，也不可能给人留下好的印象。以前农村有句老话叫“笑破不笑补，穿旧不算丑”，丑的是脏破污秽的衣服还穿在身上。所以以前真正讲究的人家，不管日子多穷，衣服有多旧，一定会精心地补缀完整、洗涤干净后才会穿上出门的。所以干净整洁，才是穿衣打扮基本的、首要的原则，也是一个人最基本的素养。这与贫富无关，与时代无关。

现如今，物质极大丰富，大多数人都生活无愁，衣食无忧。于是穿衣打扮也就多了很多讲究。但是不管有多少讲究，干净整洁永远是排在首位的。为什么现在很少有人提及这一条？是因为对于绝大多数人来说，这已经是最基本、最浅显的常识了，觉得根本没有必要专门来提了。

但是对于职场女性来说，这个原则一定不能忘记，要把这个原则融进自己的生活、工作里，使之成为自己自然而然的行为。时刻确保自己的衣装上没有任何污渍、掉色等问题，衣服穿在身上要贴身、整齐、平整、大方，无破坏整体美感的褶皱等。一个干干净净、清爽整洁的人，无论在什么地方、面对什么人，都会留下良好的印象，因为从他的仪容外表已经表明了对他人的尊重，对自己的认真，这样的人当然也更容易获得别人的信任和尊重，更容易取得成功。

3. 穿着打扮要与自己的身份相协调

无论你具体从事什么职业，持有什么样的生活态度，有什么特殊爱好，只要你期望做一个处处受欢迎而又得体的人，至少有一点是肯定的，就是你的着装要符合你的身份。有人把正装穿到迪厅和溜冰场上去，而有些人则在赴晚宴时也不肯脱下T恤衫和牛仔裤，这显然有些失“身份”了。职业女性要重视穿着与身份的协调性，这样更能体现品位和气质，对职业发展也会助力不小。

一般来讲，职业女性的着装以整洁美观、稳重大方、协调高雅为总的原则，还要考虑到服饰、色彩、样式与自身年龄、肤色、气质、发型、体态相协调，更重要的是要与自己的身份协调。当医生身穿白大褂时我们总会更信任他们，音乐家们按照我们心中的形象穿着时我们也会更喜欢他们的音乐，这是因为他们的服装向我们表明了他们的职业身份。

不同的职业对服装的要求不同，做教师的当然不能穿吊带装，而时尚杂志的编辑、记者也不要打扮得很古板，公务员、白领人员则不能太时尚和新潮，要庄重一些才好。不同的身份也有不同的着装风格和要求，不仅要符合职业特点，还要与自己的身份协调。比如一位企业总裁，与一位歌星的打扮肯定是不一样的。歌星可以时尚、新奇、妖艳甚至怪异，如果总裁也这样打扮，显然与他的身份不符，会给人怪异的感觉，只会让人在心中产生无尽的疑问：这样总裁到底是什么样的人？他这是要干什么？完全不可能产生信任感，更不可能让人放心把大宗的生意交给他了。但如果一位普通的员工却每天将自己打扮得像一位老总，也会让人觉得不伦不类。

* *

有一则办公室小幽默是这么讲的：某公司总机（电话中心）小姐，每天套装、丝袜、高跟鞋，还全是大品牌，穿得极其隆重正式，昂首挺胸地来上班。同事觉得她太讲究了，总机小姐却说："难道你不知道公司的'总'字辈除了总经理，就是我吗？"

* *

这当然是个笑话，总机小姐把自己当成大人物了。这就是打扮不符合身份的典型例子。其实要说总机小姐穿正装并没有错，错的是把"总机"和"总经理"排到一起了，穿着过于隆重。所以，职场上，穿着打扮不仅不能随意，也要符合自己的身份地位才好。穿着打扮要与自己的身份协调，以下几点不可忽视：

（1）上班穿着一定要正式

一般来说，T恤短裤拖鞋是绝对不适合穿到办公室内的。但如今的潮流似乎对女性尤其宽容，女性正装的概念更加宽泛，上班族里也不乏穿着卡通大图案T恤衫就走进写字楼的白领。但是，即便公司并没有规定上班时的服装标准，作为白领一族，最好还是把庄重大方的职场着装原则放在时尚和舒适的前面，每天都穿正装上班。这样或许会稍显拘谨，但要知道，在职场，着装直接体现身份和地位，影响客户看自己的眼光和对你自己态度——越低劣粗俗的装扮只会越证明一个人地位低下，没有能力。想要上进，想要晋升，先从着装开始。正如《你的形象价值百万》的作者英格丽·张所言"要想成为一个成功者，你就先要让自己看起来像一个成功者！"

（2）上班着装要与收入和职位协调

在办公室，太寒酸或太奢华的服装都不适合。寒酸得与带给自己的职位和收入不相符的话，体现不出这个职位带给自己的颇为丰厚的收入，不仅会让同事觉得自己在故意遮掩什么，失去对自己的信任，也会让客户觉得自己不配有现在的职位，而且还会因此影响公司的形象，让外人感觉公司太穷，给员工的待遇很差，从而怀疑公司是否有发展前途；如果穿着太过奢华，也会与你的职位和收入不相符，有故意炫富的嫌疑，客户也会认为这个人可能并不会认真地来做这件事情，因为以他的收入他不会在乎这个生意能不能做成，甚至不在乎这个工作，显然这对自己的职场发展是不利的。所以，应该选择与自己的职位、身份、收入匹配的服装。

（3）外出穿着要与自己的身份协调

与不同身份的人接触，也有不同的穿着技巧，既要配合自己的身份，也要配合对方的身份，这样会有助于彼此的沟通。与性格开朗的人接触，宜穿颜色较鲜明的衣服；对方若是较保守严肃的，应穿颜色较低调、款式较保守的服装；与公司职位较高的人会晤，宜穿较老成的服装，以留下好印象。

若自己是公司领导，那一定要穿得考究一些，正式一些，穿出领导风范来。因为这个时候，你就是公司的代言人，你的穿着打扮不仅代表自己，还代表着公司。你穿得高贵典雅、大方得体，会让人感觉你的公司也是大气、高端，值得信任的。

若是与同事一起外出办事，以自己为主时要穿得有气势，符合自己的身份，看起来要像一个能说话算数的人，这样可以赢得客户的信任。若是以同事为主，那就不要故意抢同事的风头，而应低调保守一些，符合自己辅助者的身份。特别值得一提的是，在正式场合，女性着装一定忌短、忌露、忌透，千万别拿性感当优雅。在正式的场合，体现的是气质和能力，与性感、美丽无关。

（4）不要穿比上司更名贵的服装

一般来说，在职场有一个心照不宣的原则，就是女下属一定不要穿着比自己的女上司更名贵或更显眼的服装。这是对上司的尊重，也显示自己处事低调，当然，这也避免了女上司的嫉妒。虽说这是一条不成文的规则，但上司就是上司，下属就是下属，穿着应符合自己的身份。在大公司里，一般女性下属的着装都会自觉地与女上司在品牌上降低一个档次，也不穿同样的品牌和款式。

4. 重视服装的质量，质地优良的衣装更显气质

对于职场女性而言，穿衣服不仅要讲款式，更要讲质量。质地上乘、做工精致的服装更适合白领丽人的身份，也更显女性的优雅气质。质量高档的服装穿在身上人也会显得精神抖擞、端庄优雅。所以职场女性在选购服装时不能只重款式，不重质量。特别是在挑选职场正装时，更要挑选质地、面料好一些的。

从总体上来讲，优质、高档的面料，大都具有穿着舒适、吸汗透气、悬垂挺括、视觉高贵、触觉柔美等特点。在当前，服装的面料五花八门，丰富多样。不仅有棉、麻、毛、羊绒、丝绸、皮革等传统的天然面料，还有化学纤维等新型面料，更有许多加入现代高科技元素的混纺面料。每种面料都有优缺点，要根据自己的喜好并结合面料的优缺点来选择。

＊＊＊＊＊＊＊＊＊＊＊＊＊＊＊＊＊＊＊＊＊＊＊＊

棉：优点是吸汗、柔软、透气、保暖、防敏感、容易清洗、不易起毛球。缺点是易皱、易缩水、易变形、易褪色、不易打理、耐用性差。

麻：优点是天然织物、舒适、轻便、透气。缺点是易皱、不挺括、弹性差、穿着时皮肤有刺痒感。

丝：优点是光滑柔软、质感良好、色彩艳丽，缺点是不易打理、易皱、易缩水。一般真丝光泽柔和、手感柔软、细腻，人造丝则有金属光泽、手感粗硬。

毛：优点是保暖、毛质柔软、舒适性强、弹性好、隔热性强。缺点是易起毛球、缩水、毡化反应，对皮肤有刺激感、易发霉后生蛀虫。

天然毛皮：优点是有一定的呼吸性能、耐用程度高、耐高温，缺点是价格昂贵，不环保。

化纤面料：优点是易打理、挺括、不用熨烫，缺点是透气性差、易产生静电、不易染色。

混纺面料：包括各料原料的混纺，根据不同的需求有不同的组合，但大都尽可能地避开了缺点。

＊＊＊＊＊＊＊＊＊＊＊＊＊＊＊＊＊＊＊＊＊＊＊＊

一般来说纯正面料如纯棉、纯麻、纯毛、纯羊绒、纯蚕丝面料更为高档。但是因为纯棉、纯毛、纯丝、纯麻等天然面料有着易皱、易变形、易起球的缺点，所以作为高档服装面料时都会进行一定的处理，避开这些缺点。现代服装厂家在制作正式场合穿着的高档服装时，多选用优质的混纺面料。混纺面料有着天然面料吸汗透气、柔软舒服的特点，又吸收了化纤面料结实耐穿、垂悬挺括、光泽好颜色鲜亮等优点，因而受到时尚潮流的追捧。所以目前高档服装都会采用混纺面料。如羊毛混纺面料，即羊绒、涤纶、氨纶、兔毛等其他纤维与羊毛混合纺织而成的面料；还有棉混纺面料、麻混纺面料、真丝混纺面料等。在选择时应注意区分。

毋庸置疑，越是高档面料制作的服装价格也会更高一些。所以当我们无法正确鉴别面料的好坏时，把价钱作为一种衡量标准也不失为一种方法。可能有的女性会说：“我没钱怎么办？”其实这不是钱的问题，而是观念的问题。买质地更好的服装和买质地低劣的服装花的钱其实是差不多的。因为质地优良的服装能穿出去的次数更多，更合算。唯有优良的质地和精致的裁剪，才能彰显职场女性的独特魅力。职场女性要打破那种买一堆廉价服装却穿不出门的“节俭”观念，要明白这根本不是节俭，甚至是在浪费钱，还降低了自己的服装品位，所以要有“宁缺毋滥”的观念，不要盲目追求衣服的数量，而要追求质量。

所以买衣服的时候不要只考虑单位价格，而要考虑单次价格。单次价格，是指用衣服的价格除以总共穿的次数。经典款式的衣服，优良的品质是首选。质地优良的服装往往更适合我们的身份，更能突显我们的气质，让自己更有职场“白骨精”（白领、骨干、精英）的范儿。

5. 远离穿搭误区，穿得“贵”不如穿得“对”

虽然说挑选衣服时要重视质量，不要太“节俭”，要舍得花钱给自己买一些高档的服装。但实际上，衣服的质量重要，穿搭更重要，所谓“穿得贵不如穿得对”，搭配不当，再好的衣服也难以有好的效果，但穿搭对了，即便便宜的衣服也能给人清新优雅的感觉。一身裁剪适体、颜色搭配适宜的装扮，再加上一些配件和合适的鞋，优雅知性的气质就自然流露。

对于职场女性来说，不同的行业不同的公司对着装的要求也是不同的。有些公司严格要求穿正装或是制服，例如公安、检察、法院、银行、税务、审计、咨询及一些政府机关；大部分企业对着装要求都不太严格，只需要正式一点就好了，这时很多人好像迷失了方向，最后都穿得比较拘谨保守，反倒失了自己的风采；还有一些公司文化比较开放，员工们都穿休闲装，例如广告公司、媒体、互联网公司等，但千万别以为这些公司的员工就可以尽情地释放个性了——穿得不对还是不行的。所以，首先根据公司实际情况定好位，穿对衣服，再考虑质地或款式。

职场女性要穿得“对”，三大穿搭误区要避开：

一是穿得过于正式。每天都是西装套裙衬衫皮鞋，这样沉闷的造型很容易被淹没在人群中，显得死板，也不利于给领导留下深刻的印象，毕竟在职场中不单只是看你的工作能力，很多时候还取决于你和同事、领导之间的互动。因此有必要花点心思让造型不那么死板和沉闷，要多一些亮点，通过混搭、颜色花纹等方面去改善，衬托出自己的优雅气质。

二是穿着太过于时尚招摇。很多时尚的造型其实单独来看都很不错，但是上班穿的话就有些危险了，显得不合群、有距离感，很难和周围的人打成一片，更要命的是往往会盖过领导的风头，除非你本来已经身居要职，不然过于展示自己的品位反而害了你。所以，搭配时注意颜色、花纹和款式要适合职场，适合自己的工作。一般上衣、裤子等大件衣物原则上选择黑白色系、蓝色系、咖啡色系等，这些颜色可以打造庄重沉稳的感觉。丝巾、胸针、挂饰等小件配饰也可以用这三类颜色，也可以加入一些鲜艳色系，展现你的活力。

三是暴露自己身材的缺点。比如超短的娃娃衫，职场并不适合装可爱；花和格子不能同时出现在一个人的身上，这样在视觉上给人的感觉是凌乱的；罗圈腿和外八腿千万不要穿铅笔裤，会将缺点放大，显得更难看。

再贵的衣服它不适合自己，穿在身上也不出众，所以一定要穿“对”

的衣服。那么怎么穿才算对呢？具体来说，下面这些造型，是比较适合职场女性且比较“对”不会出错的穿搭。

（1）庄重大方型

衬衫款式以简单为宜，与套装配衬，可以选择白色、淡粉色、格子、线条等变化款的衬衫。着装整体色彩上，可以考虑灰色、深蓝、黑色、米色等较沉稳的色系，给人留下干练朝气、充满亲和力与感染力的印象，也可选择白色。质地应尽量选用那些经过处理、不易起皱的丝、棉、麻及水洗丝等面料。一般老师、作家、学者或从事文化、咨询、信息和医疗卫生等工作的职业女性适合这样的穿搭。

（2）成熟含蓄型

不同质地和剪裁的西服西裤和正装套裙，能穿出不同的感觉。总的来说，西服和西裤的搭配，显得成熟稳重，帅气潇洒，自由豪迈。优雅利落的套装或套裙，给人的印象是专业和精干。至于颜色，当然还是以白、黑、褐、海蓝、灰色等基本色为主。若嫌色彩过于单调，不妨扎条领巾；或在套装内穿件亮眼质轻的上衣。连衣裙也是可以选择的。露肩的黑色连衣裙，长度及踝，流畅而华丽的线条，让身体的美无言地展现。神秘的黑色适合成熟含蓄的女性。这样的服装可以出现的场合比较多。从事保险、证券、律师、公司主管、公共事业和政府机关公务员的职业女性，都可以选择这样的穿搭风格。

（3）素雅端庄型

衣服样式宜素雅，不应过于暴露，过于性感和时尚。花色衣服则应挑选规则的图案或花纹如格子、条纹、人字形纹等。衣料也以略厚实的为主，太薄或太轻的衣料，会有不踏实、不庄重之感，是要摒弃的。从事科研、贸易、医药和房地产等工作的职业女性，适宜这一类的打扮。

（4）简约休闲型

像从事新闻、广告、平面设计、动画制作、影视、音乐等职业的女性，则可以率性一些，款式以简洁大方为主，质地以舒适轻便为要，打造出一种简单中的优雅，舒适中的休闲风格。比如白色或者深蓝色细格的棉质衬衫，修身的设计，半透明的质感，内衬白色吊带背心，简约和性感混合在一起。

穿衣服不要追求贵的，应该追求“对”的，也就是适合自己的。这样女人才能穿出自己的风格，才能与众不同。

6. 学会整理和清洁，保持服装的最佳状态

我们在服装店买衣服时常常会看到店员对服装清洁熨烫，精心整理，消除污渍、线头、褶皱，保持服装的干净、平整和清爽，所以才有我们看到的挂在衣架上或是穿在衣模上的崭新而漂亮的服装。其实买回来的服装，同样需要我们精心打理，让服装一直保持最佳状态，这样我们穿着时才会干净清爽，才能穿出优雅韵味和风度气质。所以，职业女性要学会一些基本的清洁和整理衣物的技术和诀窍，将衣服清洗得干干净净，收纳得整整齐齐，这样既有利于保持家中环境的清爽，也会使每次穿出来的衣服都整洁漂亮。

不同的衣物由于面料、材质、穿着的不同，有不同的洗涤要求。所以切不要不分内衣外衣、毛衣棉衣、胸罩内裤、大衣风衣，一股脑儿全扔进洗衣机里去洗。这样洗既不卫生，也不科学。比如贴身的内衣是不

能和外衣一起洗的，会使一些病菌交叉传染，不利于健康。贴身的内衣质地不同于外衣，外衣上的拉链、胸针或铭牌，都有可能损坏内衣。一般来说棉、麻、化纤材质的衣服适合机洗，家居的衣物、不怕皱不怕水洗的衣物也可以放在洗衣机里洗。

（1）羊绒针织衫的清洁、保养和收藏

娇贵的羊绒制品，由于组织结构松散，缩水率很高，因此有的适宜水洗，有的适宜干洗，应针对不同种类选择洗涤方式。干洗对恢复羊绒的光艳色泽和丰沛毛感，效果极佳。每件羊绒衣饰每年干洗两至三次，其余时间可低温水洗，可选择中性的羊绒洗涤剂，水温在30～35℃之间，浸泡绒衣物10分钟后用手轻轻揉搓，再低温清水漂洗干净。用干毛巾将羊毛衫包起拧去一部分水，再摊开晾干。最好在半干时，用300～500瓦的电熨斗，在羊毛衫上盖一块湿布整熨一下，这样穿起来会平整如新。

羊绒最好收藏在衣橱里而不是衣箱里，衣橱的门应该每周敞开两次，以利于通风换气；羊绒衣物上不应压放各种沉重的冬装；羊绒不得与尼龙（锦纶）、氨纶、丙纶等人造纤维衣物叠放在一起；最好的“羊绒伴侣”应该是天然纤维的轻质衣物，如丝绸、精纺亚麻、精纺棉麻等，这些衣物才可以与羊绒叠放在衣橱的同一格中。将防蛀虫的中药材及药粒缝在数个香袋中，将这几个香袋悬挂在衣橱里驱虫。任何驱虫剂与羊绒直接接触，都有害羊绒的物理性能，所以把驱虫剂缝在香袋中，挂在羊绒衣饰的上方，既能达到驱虫目的，又不必担心羊绒变颜色。

与此同时，还要记住三点：不可用手拧干；不可吊挂；提花或多色羊绒衫不宜浸泡，不同颜色的羊绒衫也不宜在一起洗涤，以免染色。

（2）毛衣和毛呢料服装的清洗和收藏

毛衣（指羊毛、兔毛等纯毛或毛混纺）要用手洗或干洗。如果是化学纤维或棉线织成的毛衣，则可以用洗衣机洗涤。纯毛或混纺毛衣水洗时在洗涤前，拍去灰尘放在冷水中浸泡10～20分钟，拿出后挤干水分，放入洗衣粉溶液或肥皂片溶液中轻轻搓洗，再用清水漂洗。水温不可超过30℃，为了保证毛线的弹性和色泽，可在水中滴入2%的醋酸（食用醋亦可）来中和残留的肥皂。洗净后，挤去水分，拍散，装入网兜，挂在通风处晾干，切忌绞拧或暴晒。目前，有的洗衣机有专门的洗毛衣模式，配合专用的洗毛衣洗涤用品，也可以达到很好的效果。

毛衣穿久了会变得宽松肥大，很不合体，且影响美观。要恢复原状，可用热水把毛衣烫一下，水温最好在70～80℃之间。水过热，毛线衣会缩得过小。如毛衣的袖口或下摆失去伸缩性，可将该部位浸泡在40～50℃的热水中，1～2小时捞出晾干，其伸缩性便可复原。

毛衣和一些毛呢料服装的保养和收藏基本上和羊绒衫差不多。毛呢料服装的面料有纯羊毛的，也有羊毛与其他纤维混纺的，面料含毛量的多少，决定了呢料服装的档次。在收藏时，要去尽衣物的灰尘、晾透去潮后存放。最好干洗一遍，干洗不仅能去污提高服装的清洁度，同时对服装也是进行一次消毒。

与羊绒衫一样，毛呢服装易招虫蛀，因此，在较长时间收藏时，要在衣箱或衣柜中放入防蛀剂，以确保服装的安全。毛呢服装有很强的吸湿性，在阴雨季节，要经常给以通风或晾晒，以防发霉变质。晾晒时应避开强光或暴晒，避免服装出现褪色。

毛呢服装是高档服装，切不可乱堆乱放，要注意好衣形，切勿造成褶皱。特别是一些长绒服装更怕受压。因此在保管这类服装时，应用衣架将其悬挂存放，避免变形走样。

（3）棉布衣物的清洗的收藏

棉布服装因其良好的柔软性使其易于清洗和整理。一般也可放于洗衣机洗。但有些高档的棉质衣物最好还是手洗。酸会侵蚀棉制品，因此洗涤棉织物要少用酸性洗涤剂。晾晒时注意不要暴晒。阳光会使棉制品产生氧化现象，而使白色棉织物变黄及脆化，有些棉染料对日光特别敏感，暴晒容易褪色，尤其是蓝、紫、粉红色等，可以翻面晾晒。熨烫棉织品时温度要保持在180℃左右，由于棉材质全干时不易烫得平整，所以最好适度喷些水使湿气均匀渗透后再进行熨烫。收纳时可以折叠放置或悬挂在衣橱里。

（4）真丝衣物的清洗和收藏

舒适的手感、华贵的质地以及精致的图案，都给丝绸以无限诱惑的魅力。然而丝绸的清洗保养工作也不可懈怠。一般说来，丝绸服装在收藏前要彻底清洗干净，最好能干洗一次。水洗时最好用温水，温度在35～40℃效果最佳。碱对丝纤维有破坏作用，宜用中性洗涤剂或丝毛洗涤剂。盐对真丝的破坏性也较大，出汗了就要迅速洗涤。真丝服装要勤换勤洗，以免出现黄斑，影响使用寿命。洗涤时不宜强力搅拌或用力搓扭，应大把轻轻搓揉。

丝绸由于湿弹性较差，洗后易起皱，因而不宜用力绞干。洗净后应轻轻提出水面，放于阴凉处，让水沥干，然后再挂在衣架上放于阴凉处晾干，在晾干过程中可用手将其轻轻拉直，如衣领、袖口等处。若用熨斗熨烫，则熨斗温度不宜太高，还应在衣物上垫上湿布，以免损伤衣物。不宜暴晒，以免阳光中的紫外线辐射导致纤维脆化、褪色。

丝绸衣服一般耐光性比较差，第二年很容易发黄，清洗时可以用醋浸泡。洗后的丝绸服装要熨烫定型。丝绸服装较轻薄，怕挤压，易出褶皱，泡泡纱、香云纱等，应该单独存放，或放在衣箱的上层。收藏时放置用纸包起来的樟脑丸，以免虫蛀，每件衣服间要隔一层纸或无纺布，白色丝绸用蓝色纸包起，忌用白纸或白布，以免日久泛黄。

（5）羽绒服的清洗、保养和收藏

90%的羽绒服标明要手洗，切忌干洗，因为干洗用的药水会影响羽绒服的保暖性，也会使布料老化。而机洗和甩干，被拧搅后的羽绒服，极易导致填充物薄厚不均，使得衣物走形，影响美观和保暖性。所以，一定要手洗。

清洗时，先将羽绒服放入冷水中浸泡20分钟，让它内外充分湿润。再将洗涤剂溶入30℃的温水中，把羽绒服放入其中浸泡15分钟，然后用软毛刷轻轻刷洗。漂洗也要用温水，利于洗涤剂充分溶解于水中，可使羽绒服漂洗得更干净。

如果一定要用洗衣粉清洗羽绒服，通常两脸盆水放入4至5汤匙洗衣粉为宜，如果浓度过高，难以漂洗干净，羽绒中残留的洗衣粉，会影响羽绒的蓬松度，大大降低保暖性。

由于羽绒服内的禽类羽绒为蛋白质纤维，若使用肥皂或普通洗衣粉，它们具有较强的碱性，会使羽绒服失去柔润、弹性和光泽，变得干燥、发硬和老化，缩短羽绒服的使用寿命。中性洗涤剂对衣料和羽绒的伤害最小。如果一定要用碱性洗涤剂，清洗时，可在漂洗两次之后，在温水中加入两小勺食醋，将羽绒服浸泡一会儿再漂洗，食醋能中和碱性洗涤剂。

羽绒服洗好后，不能拧干，应将水分挤出，再平铺或挂起晾干，禁止暴晒，也不要熨烫，以免烫伤衣物。晾干后，可轻轻拍打，使羽绒服恢复蓬松柔软。

洗干净的羽绒服用透气的物品包好，比如整理袋，也可放入一粒樟脑球以防虫蛀，然后存放于通风干燥的衣柜内即可，注意上面不要受重压。目前市面上有真空压缩羽绒服的袋子，建议只作为临时之用，不可置于压缩袋内存放，长期压缩会使羽绒或保暖层失去弹性，从而降低保暖性能。

夏秋雨季后，再把羽绒服拿出来晾一晾，防止霉变；如果发现有霉点，可用棉球沾酒精擦拭，再用干净的湿毛巾擦洗干净。

（6）皮衣的清洁保养

绝大多数皮衣是不能水洗的，可以用皮衣专用的洗涤剂擦拭清洁。

擦洗完后，将皮衣放在阴凉处自然晾干，然后用干净的毛巾蘸少量清水擦洗一遍，用清水擦洗时切记抹布要尽量拧干，这次清洗的作用主要是除去皮衣上残留的洗涤剂的气味，然后晾干，最后根据皮衣的具体材质选择涂上皮衣保养油，这样，整个皮衣的清洗过程就完成了。

对于比较特殊的皮衣，可以在衣领背面或者一些不显眼的地方先涂少量洗涤剂或者皮衣油，来试验该皮衣是否适合使用洗涤剂或者皮衣油，如果在涂上洗涤剂或者皮衣油后颜色明显发生变化，用吹风机吹干后仍然有色差，则说明该皮衣不适合用洗涤剂或者皮衣油，那么就千万不要用这样的洗涤剂。

保养时千万不能用皮鞋油擦拭皮衣。如果擦鞋油，会使鞋油内的汽油渗透到皮革内，蜡粘在皮革的表面，使皮革色泽发花（出现不均匀的花斑），散色，影响美观，而且使皮革发黏，招土吸尘。收藏时最好挂在衣架上存放，不能像叠内衣那样压入衣柜，以免出现褶皱。收藏时要通风透气，不能放在不透气的包里或塑料袋里保存，可以罩上一层布或一件单衣。应收藏在凉爽干燥处，随时注意防潮、防霉。为防虫蛀，可在衣柜中放几粒樟脑丸。但注意不要与皮衣直接接触。因为樟脑丸对皮革服装有腐蚀作用。存放期间最好晾晒一两次，但切忌阳光暴晒和火烤。

一旦皮革服装起皱了，可用熨斗将其熨平。熨烫时要注意：一是用低温熨烫；二是熨斗移动要迅速；三是最好用包装用纸或油纸作烫垫。如果条件允许，最好还是送到干洗店清洗，毕竟干洗店设备比较齐全，技术也更专业，也省去了自己为保养操心。

当然，衣橱里的衣服五花八门，并不只是我们提到的这几类。职业女性平时不妨多学习一些清洁、整理和收纳的知识，勤于整理，让自己的衣物保持最佳的状态，任何时候穿出来都会光彩照人。

第二章

在什么场合着什么装，穿错你就输了

在什么场合着什么装，可以说是一条穿衣金规。庄重的场合，就该穿庄重的衣服，休闲的场合，自当有休闲的样子。看似无关紧要，但若穿错，必会引起尴尬。

1. 遵守“TPO”原则，穿搭不出错

“TPO”原则是最基本的国际着装通行原则。这个原则是20世纪60年代由日本人提出的。所谓“TPO”，即时间（Time）、地点（Place）和场合（Object）的缩写，其基本含义就是穿衣打扮要有章法，着装一定要与时间、地点及场合相适应。“TPO”原则是目前国际上公认的服饰礼仪基本原则之一，也是规范衣着的基本标准。着装遵循了这个原则，基本上就可以保证不会出大错了。

（1）衣着要与时间适应

即不同时段的着装规则。大的时间原则可以接四季划分，穿着打扮要与季节、温度、环境搭配。小的时间原则可以指一天中不同的时段需要对应不同的服装。这一点对女性尤其重要。如白天工作时，女性应穿着正式套装，以体现专业性；晚上出席酒会或其他娱乐活动就需换上更显女性特质的晚礼服，换一双高跟鞋，并多加一些修饰，如戴上有光泽的佩饰，围一条漂亮的丝巾等；服装的选择还要适合季节气候特点，还应当与当时的时尚潮流大势同步。这些都是时间原则包含的内容。

（2）衣着要与地点相适应

地点原则说的是不同的地点有不同的着装要求。比如在自己家里接待客人，可以穿着舒适但整洁的休闲服；如果是去公司或单位拜访，穿正式的职业装会显得专业。外出时要顾及当地的传统和风俗习惯，如去教堂或寺庙等场所，不能穿过露或过短的服装。换言之，不同的地方对于我们衣着的要求也是不相同的。如果不注意这一点，也有可能会穿错衣服，失了礼仪。

（3）衣着要与场合协调

不同的场合要注意不同的穿衣风格和不同的服装。比如，与顾客会谈、参加正式会议等，衣着应庄重考究；听音乐会或看芭蕾舞，则应按惯例穿着正装；出席正式宴会时，则应穿晚礼服或小礼服；而在朋友聚会、郊游等场合，着装应轻便舒适，适合运动休闲。这就是场合原则。

如果不遵从这个原则，势必会给自己带来不便，也会给他人留下一种不礼貌的印象。比如朋友聚会郊游，大家都穿着休闲便装，你一个人却穿着夸张的礼服，只会让自己浑身不自在；但如果是参加正式的宴会，人人都穿着一丝不苟的正装，只有你穿着卡通T恤牛仔裤，不但是对宴会主人的不尊重，也会令自己尴尬。所以，场合原则务必遵循。

如果同一天要参加三个不同的活动，那就不要怕麻烦，务必换三次衣服，以适应场合的需要。如早上要去办公室上班，与重要的客人会谈或参加正式会议，那么就要穿稳重大方的套裙，还要注意套裙要颜色庄重，质地良好；中午要参加宴会或是社交活动，则需按照宴会的要求穿礼服裙或其他正式服装；下午朋友聚会或一起去郊游，那么应当换上轻便、舒适、适宜户外活动的服装。这样才能既有助于各种活动的开展，又不至于出错。

场合原则要强调的是，所有的场合着装都是有一定之规的，绝不能随随便便。只有与场合协调的着装，才是最合理的。

当然，服饰还要注意要符合自己的年龄、身份、气质和形体条件，不过于短小或过于宽大，并且符合自己的职业特征和身份地位。但只要严格遵守“TPO”这个最基本的原则，基本上可以保证我们在穿着上不会出大错。

2. 正式场合，礼服不能乱穿

对于职场女性来说，需要穿礼服的正式场合包括社交活动、与顾客洽谈、公司聚会、参加正式会议、出席宴会、参加仪式或典礼等，在这些场合，着装一定要正式，切不可随便，更不能是休闲打扮，那会让人觉得你不重视这次活动，不尊重其他参加者。但是穿礼服也是有很多讲究的，受到时间、地点的制约，不同的场合有相应的选择，还有很多规则要遵守，所以乱穿礼服也是不行的。

一般来说，出席婚礼不穿白色。因为新郎和新娘的礼服和婚纱大多数情况下是白色。而在这一天新郎新娘是绝对的主角，宾客不能抢他们的风头，这是基本的礼仪，也是素养。同样的道理，也最好也不要穿红色，即便穿也不要那种新娘会穿的正红色或是红色的旗袍，这样的华丽理当只属于新娘。

参加葬礼时一定要穿庄重正式的黑色礼服，这是对死者的尊重，其他任何轻佻的、浮夸的穿着都会让人觉得你不够尊重死者。如果你的身份重要，那很可能还会引起不满和非议。

* *

在西方，这样的礼仪尤其严格。纽约有一位要员的夫人，和丈夫一起去参加一位殉职警员的葬礼。照片见报后却引起了轩然大波，民众议论纷纷，甚至指责她和她的丈夫，就因为照片上的她穿了一条黑色的牛仔裤！民愤之高迫使夫人不得不请来设计师出马解释，这条看似牛仔裤的裤子其实是一条价值600多美元的礼服裤，完全当得起葬礼的分量，人们这才息了声。

* *

可见礼服的穿着有着严格的规范，时间、地点和场合是选择礼服的最重要因素。白天和晚上不同，正式场合、半正式场合和非正式场合的礼服也不同。

（1）日礼服

白天出席各种活动时穿的礼服，如开幕式、宴会、婚礼、游园、正式拜访等，包括正式、半正式和非正式三种。非正式的活动只要外观端庄、郑重的套装均可作为日礼服。多为毛、棉、麻、丝绸或有丝绸感的面料。小配件也采用与服装相应的格调。

半正式礼服和非正式礼服的裙长可以根据潮流处理，甚至可以穿超短裙；白天的活动可以不穿闪光面料及佩戴过于名贵、闪亮的配饰，女士西服套装、无袖洋装通常可以应对白天的各种活动，但是面料也要考究。鞋子的选择搭配可以别出心裁，白天要避免太重的金属装饰。正式和半正式活动的礼服有小礼服、套裙装礼服及旗袍。

小礼服是以小裙装为基本款式，具有轻巧、舒适、自在的特点，小礼服的长度因应不同时期的服装潮流和本土习俗而变化，是适合在众多礼仪场合穿着的服装，例如酒会宴会、生日聚会、商务谈判、约会、度假休闲、婚宴等，与晚礼服相比更随意、活泼、浪漫，以表现穿着者良好的风度。

小礼服的风格多种多样，有宫廷复古、民族风情、优雅甜美、英伦贵族、花园女孩、名媛淑女、摇滚风格、女神风范、异域风情、平民时尚等。款式也新颖独特，包括抹胸裙、吊带裙、斜裙、收腰包身裙、背心裙、迷你裙、蛋糕裙、鱼尾裙、节裙、褶裙、筒裙，等等。与小礼服搭配的服饰适宜选择简洁、流畅的款式，着重呼应服装所表现的风格。女性可以按自己的喜好和出席活动的内容来选择。

裙套装礼服，它是职业女性在职业场合出席庆典、仪式时穿着的礼仪用服装。裙套装礼服显现的是优雅、端庄、干练的职业女性风采。款式以设计别致的连身裙或两件套装裙为主，裙长从及膝至长裙不等。越长越为正式。丝绸或丝质感的料子可加刺绣、花边等，应避免过于发光的布料。珍珠饰品为佳，随手的小包要小而精致，鞋和包均可不必过于华丽，以缎料、平绒、丝绒等质地为主。

旗袍是在正式社交场合穿着的中式礼服。旗袍款式流畅轻妙，最能体现东方女性的朴素典雅、柔美婀娜。旗袍可用棉布、丝绸、麻纱、五彩缎等作面料，花色以素淡雅致为好。穿旗袍时，鞋子、饰物要配套，应当佩戴金、银、珍珠、玛瑙等精致的项链、耳坠、胸花等。鞋子宜穿与旗袍颜色相同或相近的高跟或半高跟皮鞋。裘皮大衣、毛呢大衣、短小西装、开襟小毛衣和各种方型毛披肩，都可以与旗袍配套穿着。

（2）晚礼服

晚礼服，是产生于西方社交活动，在晚间正式聚会、仪式、典礼上穿着的最正式的礼仪用服装。又称晚装、夜礼服。一般是下午六时以后出席正式晚宴、观看戏剧、听音乐会及参加大型舞会、晚间婚礼时所穿用的正式礼服，也是女士礼服档次中最高、最具特色、最能展示女性魅力的礼服。正式的晚礼服是无袖、露背的袒胸礼服，质地十分考究，以丝质、锦缎、天鹅绒等面料为主，一般具有透明或半透明、有光泽的特点；添加羽毛织物的则比较高贵、华丽。礼服外面可以穿外套，戴长手套，外套的色彩与礼服保持协调，可以是大衣、斗篷、披肩，手套一定是薄纱、丝绸面料，可戴或轻拿于手上，端庄而典雅。

晚礼服以夜晚的交际为目的，为迎合豪华而热烈的气氛，选材采用丝绒、锦缎、绉纱、塔夫绸、欧根纱、蕾丝等闪光、飘逸、高贵、华丽的面料。裙长一般长及脚背或拖地，面料追求飘逸、垂感好，颜色以黑色最为隆重。晚礼服风格各异，西式长礼服袒胸露背，尽显女性风韵。

中式晚礼服高贵典雅，塑造特有的东方风格，还有中西合璧的时尚新款。与晚礼服搭配的服饰适宜选择典雅华贵、夸张的造型，凸显女性特质。

晚礼服的色彩倾向高雅、豪华和庄重，如印度红、酒红、宝石绿、玫瑰紫、黑、白等色最为常用，配合金银及丰富的闪光色更能加强豪华、高贵的美感。再配以相应的花纹、各种珍珠、光片、刺绣、镶嵌宝石、人工钻石等装饰，充分体现晚礼服的雍容与奢华。若嫌黑色过于沉闷，则可以在样式上多一些变化，如增加明亮的装饰，比如裙摆上的镂空蕾丝，面料上暗花的点缀，一条别样的披肩……就可以立即打破黑色过于凝重的感觉，显得楚楚动人。白色晚礼服则象征女性洁白无瑕的品质；红色的晚礼服则热情奔放，更显女性的妩媚。这些都是可以选择的。

在正式礼服中，晚宴服是比较特殊的，为了便于用餐，礼服的领子开口要小，必须有袖子，裙长可以托地，亦可到鞋跟，同样应该是闪光面料，以白色为正宗色，和男士的黑色晚礼服形成鲜明的对比。

在穿着正式礼服时，首饰必不可少，项链、手镯、耳环等，饰物比较隆重为宜。饰品可选择珍珠、蓝宝石、祖母绿、钻石等高品质的配饰，也可选择人造宝石。多配高跟细袢的凉鞋或修饰性强、与礼服相宜的高跟鞋，如果脚趾外露，就得与面部、手部的化妆同步加以修饰。手包选用精巧雅致，多选用漆皮、软革、丝绒、金银丝混纺材料，用镶嵌、绣、编等工艺结合制作而成，华丽、浪漫、精巧、雅观是晚礼服用包的共同特点。

越是正式的场合，越讲究穿着打扮的正式，而且正式礼服的穿着大多是配套的，不能胡乱搭配，自以为新潮，其实是出了糗。曾有大明星就曾因为在郑重的黑色礼物下搭配了一双运动鞋而饱受诟病。穿错礼服可不是小事，所以，职业女性要多学习这方面的知识，别让自己在正式场合穿错了衣服。

3. 公司派对时的穿着小心机

职业女性时常会有各种派对，如节日庆祝、公司年会、各种聚会等，职业女性平时上班大多都穿着板正的职业装，这时候正好可以有机会展现一个与平常不一样的自己。不过一般来说，派对是较为正式的交际场合，一定要穿正装，也就是前面我们说的礼服，当然一些不需要穿正装或派对邀请函上有要求不穿正装的除外。

（1）公司的年会派对

一年一度的公司年会，是公司内部最重要的聚会。上司、下属、同事、朋友欢聚一堂，闪亮而得体的打扮无疑会增加自己的分量，甚至还会带来意想不到的机会。所以多花点小心思，甚至多花点投资，让自己在年会上闪亮一回，还是有必要的，可以穿正规的礼服、轻俏的小礼服。各种能体现自己气质的穿搭，都是可以的。不过小心机也要用对地方，如果穿得不好，不仅闪亮不成，反倒会损了形象。

经典的小黑裙是很多职业女性的年会首选，因为小黑裙有着百搭易穿、永不落伍的声誉。但是小黑裙也容易把你淹没在人海，故而一定要选择质地上乘、做工精良、具有独特设计感的小黑裙，比如斜肩设计、不对称裙摆、紧腰及亮片点缀等，都能有效地提升小黑裙的吸引力，彰显女性气质的柔美和优雅，是参加年会不错的选择。

红色的晚礼服也很应景。但红色如果穿得不好，很容易给人以俗气之感，并且红色本身对于面料的质感要求比较高，不然会显得很廉价。所以，如果年会上想选红色礼服，那一定要挑选面料好的。裙子的长度因穿着者年龄的不同而略有不同，年轻女孩可以及膝，稍年长一点可以及踝或拖地。

白色的晚礼服也可以考虑，不过要慎选，太隆重会让人有一种披着婚纱就来了的感觉，反倒不好。

（2）鸡尾酒会

鸡尾酒会着装要求较为正式，色调基本统一在黑、白、酒红、香槟等凸显高雅的色系中，款式也比较传统。但也正因如此，刚好让小礼服迎来出头之日，曼妙的蕾丝、提升的腰线、修身的设计，足以让鸡尾酒会上的小礼服旧貌换新颜，展现你的独特风姿。参加正式的鸡尾酒会礼服通常是比较短的，短的礼服裙很合适。金色或银色的小礼服会平添隆重感，显得华丽大方，不过更适合年轻的女性。不管穿什么，衣料一定要有讲究，不能使用羊毛或涤纶等厚重的织物，可以使用垂感的丝绸、缎子、透明硬纱、针织天鹅绒，有时候还可以加上金属小亮片点缀。配饰以人造水晶和珍珠首饰视觉效果更好，黑色鞋子是最经典的搭配。

（3）酒吧派对

酒吧里的主题派对，相对来说可以更大方、时尚、性感一些。这时候“正装”的要求就是提醒女士们要穿得华丽妩媚、光芒四射。昏暗的灯光下，金色、银色、漆皮等光泽感正可以大显神通。不过，金色的膨胀感很强，如果身材不是足够瘦，还是要慎选。短裙装束是首选，精致的妆容也很重要。搭配皮衣外套或是皮草披肩都符合酒吧派对气氛，只是注意选择简洁款式，过多的装饰很容易显得艳俗。

（4）户外派对

户外派对穿着上可以更休闲一些。如果是年终户外派对，保暖不得不考虑，寒风刺骨的天气里是不适合穿轻薄小礼服的，所以皮草搭配裙装无疑是首选，搭配橘色、大红色、绛紫色等鲜艳饱和色的裙装即可。皮草也可以搭配裤装，不过下装搭配紧身的窄腿裤打造上松下紧的轮廓，更显气质。

不同性质的派对，着装要求也不同。不过要在派对上穿得既优雅有礼，精致大方，又个性突出、闪亮耀眼，不妨玩点“小心机”，在传统正装之上，注重细节上的精致，使你的装扮更时髦、更具个性。

（1）不会挑就选黑色

派对上要打扮得入时出挑，当然最好将服装的主题色与流行色结合起来。如果来不及挑选款式别致的礼服，那就只买简单得不能再简单的款式——黑色、开领、无袖，简单含蓄，永远不会落伍。再用精致细节来点睛，样式简单的小黑裙也可以配以精致的配饰来提升光耀度，如精致的流苏刺绣披肩加高跟皮鞋，粉红色小山羊皮玫瑰手袋加珊瑚项链等，都能弥补黑色亮丽不足的缺点。

（2）以配饰提升品位

总不能每次都以同一面目出现吧？这就需要在细节上多花点工夫。一条华丽的披巾、闪亮的项链，一对夺目的耳环，一只纤巧的手镯，都是普通服装向小礼服转换的讨巧方式。丝巾、头饰……都是引入前卫元素的载体，既能彰显时尚，又能标榜自己的个性，不随大流，但记得在佩戴时，切不能全套皆上，务必求精。如果用手袋来搭配，手袋的款式一定要齐全，以配合不同的场合。

（3）潮流背心极管用

临下班了，领导突然通知你，晚上与他一同参加重要酒会。回家换衣服自然不可能，难道还临时上街置办一套？一件小背心正是此时最好的帮手。对于随时有可能出席重要场合的职业女性来说，准备一件随时可以撑起场面的小背心，就显得十分必要。选购一件有珠片、绣花、闪光材质的小背心，白天穿在外套里面，风光不显；晚上脱去外套，性感、华贵的气氛马上显现。至于颜色，想抢眼一点儿可选红、粉等艳色，含蓄则可选黑、灰——保证不会让领导对你的着装翻白眼。

（4）中装最能讨巧

翠绿色的泰式长马甲，或是一件旗袍——看似随意，却一定是派对或酒会中的良品。中式服装火热已有几年，只要搭配得体，一身中装完全可以出入各种正式场合。当然，中装要穿出味道来，还靠各显神通。着中装最忌讳模仿，如何改良得得宜、特别，符合自身气质，是非常要紧的。

（5）拒绝所有卡通

正装场合不是化装舞会，是不适宜扮幼稚的——这几乎是定律。正装场合是成熟的职场精英聚会，这样的场合出席的个人，往往是有目的，这一目的或是商业信息上的沟通，或是个人品牌推广，再或是因其他的目的，成熟的装扮是为了达成目的，因此拒绝所有卡通的装扮。卡通的装扮给人不成熟、无法担当的感觉。此时，学生装扮同样也是不合适的。

（6）挑件红色连衣裙

浓郁的红色系是派对着装的杀手锏。红色系连衣裙不仅能尽显女人的优雅风韵，而且给人一种热情大方的感觉。最好选择盖袖或露背的设计，不失性感又不至于太过保守。

（7）亮片连衣裙或短裙

选择亮片连衣裙，既修身优雅，又衬托节日的氛围。闪耀的短裙也是狂欢时的经典搭配单品，不管是选择亮片或者带有金属光泽设计的单品，都很应景不会出错。

（8）黑色透视连衣裙

如果你要出席圣诞节或除夕晚会，你肯定希望自己像钻石一样闪耀夺目，一件紧身的黑色透视连衣裙一定会吸引众人眼球的。除了十分突出的全透明材质，在平日里蕾丝的透视或是薄纱的透视，隐隐约约透露出性感，同时又是时髦的象征，再搭配一条黑色袜，绝对是派对明星。

4. 玩点混搭，轻松搞定商务酒会

商务酒会，是一种基于商务活动而开展的经济简便与轻松活泼的招待宴会形式，但比正式的宴会要轻松随便一些。一般不是正式的宴请，只是略备酒水、点心款待来客的招待会。因为是商务酒会，大多是为客户、关联公司、行业交流而召开，主题也与工作紧密相关，很多人都是下了班直接过来，甚至上着班忽然接到通知赶来参加酒会。所以除非特别正式的高档酒会，大部分的酒会都是半正式的，一般来说没有必要更换礼服，只要是正式的装扮就可以，穿着上班的衣服去也是可以的。不过，为了表示对对方的尊重，仍然需要做一些必要的修饰，显示出自己的隆重，但又不能太隆重，多了会有小题大作之嫌，反倒不得体。

商务酒会上，保留一点工作状态是最好的，所以可以保持一半职场的风情，半正式的礼服或一般的正装都是可以的。如果是上班时临时接到酒会邀请，在自己的上班装上花点小心思搭一点配饰或是进行一些改头换面的混搭，比如加个配饰、围个丝巾、换个手袋，就会成为较为隆重的酒会装束了；再如上班时穿米色的套装，那么里面可以穿上一件有光泽的、质地较好的丝麻吊带衫。一旦接到邀请，只要将外套除去，围上一条有光泽的丝质围巾，戴上一副闪亮的耳环，换上一双浅口高跟鞋，就可以从容应付了。这几件配饰平时就可以准备好放在办公室中，以备不时之需。所以，学会混搭是搞定商务酒会的秘诀。

（1）连体包身裙搭中跟鞋

最经典的酒会装非包身裙莫属。这是诞生于20世纪70年代的一种无扣无拉链、仅有两条腰带、易穿易脱的裙子。很多人将这种裙子与香奈儿的经典小黑裙一起列为“二十世纪十大时装发明”，而且这种裙子比

小黑裙更受职场女性欢迎，因为这款裙子有七分袖，强调腰线，大幅裙摆塑造臀形，最大限度地讨好了女性的身材，无论胖还是瘦，穿起来都自有风味。V字领口可随腰带系打的松紧调节大小，即使包到最紧，那个V字仍足够应对下班后商务酒会的优雅着装要求，而白天外面穿上西装，就是再正常不过的上班装。如果此时再搭配一双中跟鞋，会既好看又舒适。

（2）小黑裙搭配饰

小黑裙被称为女性服装中“经典中的经典”，“适合任何场合”“百分百安全”，质地上乘的小黑裙穿在哪里都不会出错。当然在酒会上同样不会出错。一款小黑裙加上一条色彩丰富的长项链，或配以名牌手表、手镯、胸针等，再穿上漆皮与麂皮相拼的高跟鞋会极大地表现出全身大面积黑色的层次与质感。如果天气稍凉，只需在小黑裙上套上质地最精良的小西服，袖口可以像对待衬衣似的卷起来一节，就很有酒会的风范。小西服的颜色，除了可以选择黑色、深蓝等厚重的颜色，也可以选择米灰色、云灰色、柔灰色及一些稍内敛的暖色。如果你职位稍高，那么缎子白的小西服和小黑裙搭配会让你从人群里脱颖而出。

在其他配饰上还可以搭配一个亮色的晚装手袋，互相呼应，轻快而不失品位。不过不要拎太大的手袋，也不建议拎晚宴的那种很小的手抓袋，因为商务酒会重点是社交，要时时与人握手，所以最好带上个可以套在手腕上的手袋，这样既方便一手拿酒杯，一手随时准备与他人握手。

（3）丝巾混搭

华丽而精致的配饰在酒会装中可以起到很好的点睛作用，表现出隆重感，甚至可以一扫上班正装的死板，瞬间变得华丽和轻松起来。比如一条漂亮的丝巾。丝巾可以使得一个爱裤装的职业女性保持女性的柔媚，也可以使穿套裙的职业女性秒变温婉可人。所以，不管上班时穿着裤装还是裙装，都不要忘记在包里准备一块质地优良的丝巾或披肩。酒会时随意地围上，虽不够花心思，足可以应对那些不得不去的酒会。

（4）白衬衫搭配半身裙

黑白配保险而不过时，衬衫与半身裙的组合，不仅修饰身材，更平添一丝知性与优雅。将白色衬衣下摆塞进盖过肚脐的高腰黑色半身裙中，裙摆没过膝盖，是最佳搭配比例。主体干净简洁，就要选择细节出彩的配饰，一双配色内敛却令人印象深刻的半高跟鞋必不可少——船型，材质考究，款式经典，可以准许在鞋面带有金属点缀。因为商务酒会一般人们都是站着交流的，穿太高的高跟鞋会感觉特别累，如果是半高跟鞋，可以保证一晚上以舒服的姿势优雅站立。

当然，根据个人风格的不同，还会有多种多样不同的搭配，总体上只要是得体优雅的就可以。毕竟商务酒会并非严格要求服装应为“黑色领带服装”，也就是最正式的服装，混搭是完全可以的。

5. 最适合商务活动的正装搭配

职业女性在庄重的仪式上、重要会议和会谈，以及出席正式宴请等重要的商务场合，都要求着正装，端庄得体，更符合基本社交礼仪。所以女士的商务正装，应选择简洁大方的款式、优良高档的面料和做工精致的服装，并以庄重大方的要求作搭配。

女性正装，一般分为“四大件”即西服上衣、西服套裙、丝袜、高跟鞋。在搭配的时候还可以适当地增加衬衫、丝巾、饰品等。

（1）西服上衣

女士西服上衣的款式、色彩和面料等，选择较多，大领、小领、圆领、方领、鸡心领、平领、无领等都可以；各种袖长中，以长袖为正规，但中袖、短袖也可以接受；各种颜色中，以深色、素色尤其是藏青色为正规，但浅色、亮色有时候可以接受；各种搭配中，以加穿一件白衬衫为正规。白衬衫的领子掖在里面为正规，放在西服领外面为不正规；白衬衫的下摆以掖进西服套裙里面为正规，悬垂在外面为不正规。不正规不意味着错误，只是不适合正式场合而已。

一般来说，正式商务场合中女士应穿深色的西服套装、套裙、连衣裙等，饰品佩戴以少为佳。上衣要平整挺括，使用较少的饰物和花边进行点缀，纽扣应全部系上。穿着衬衫，衬衫要以单色为最佳之选。衬衫的下摆应掖入裙腰之内而不是悬垂于外，也不能在腰间打结，衬衫的纽扣除最上面一粒可以不系上，其他纽扣都应该系好。

（2）西服套裙

西服套裙必须与西服上衣一起成套购买，最好不要自己去尝试交叉搭配自己现有的西服上衣和套裙，要保持上下相同的材质、纹路、款式。裙子要以窄裙为主，裙子里面应穿着衬裙。年轻女性的裙子下摆可在膝盖以上3～6厘米，但也不可以太短，中老年女性的裙子应在膝盖以下3厘米左右。有些人认为女士正装应为西服上衣配长裤，这是一个误解，女士正装最标准的搭配还是西服上衣配套裙。

西装和套裙要求面料平整、润滑、光洁、柔软、挺括，不起皱、不起球、不起毛；色彩以冷色调为主，体现出典雅、端庄、稳重；无图案或格子、圆点、条纹；不宜过多的点缀，长短要适宜。

（3）丝袜

对于女士商务正装来说，丝袜只有两种颜色可以选择，首选是肉色，其次是黑色。黑色丝袜最好选择透明的，除非是高寒地区。丝袜应是连裤袜，不可选择刚到脚踝的短丝袜，短丝袜应是配长裤穿的，穿裙子时袜口不能露在裙子外面。一般不要选择鲜艳、带有网格或有明显花纹的丝袜，这是极不体面的搭配。

（4）高跟鞋

女士着正装时，高跟鞋或是半高跟鞋都是可以的。高跟鞋的样式应是鞋面光亮、鞋跟偏细，而且是敞口的，鞋口不要有鞋带儿。鞋跟的高度不能太高或者太矮，以四五厘米为宜。无特殊原因，不要穿低跟鞋，也不要穿平底鞋，更不能穿皮靴。颜色和材质以黑色牛皮鞋为宜，也可选择与套裙色彩一致的皮鞋。

除了正式的四大件外，搭配正装时还可以在里面搭白衬衣，显得更正式一些。白衬衫要选择轻薄而柔软的面料，像真丝、麻纱、纯棉都可以。色彩要求雅致而端庄，且不失女性的妩媚，只要不是过于鲜艳的颜色，不和套裙的色彩排斥，各种色彩的衬衫均可以选择。衬衫色彩与套裙的色彩协调，内深外浅或外深内浅，形成深浅对比，最好无图案。穿衬衫的注意事项：衬衫下摆掖入裙腰里、纽扣一一系好、不可在外人面前脱下上衣，直接以衬衫面对对方。

配饰也可以作为女性正装搭配的重要部件，包括手包、丝巾、发卡、胸花、手表、首饰及香水。但一定要搭配得当才好，搭配得当是锦上添花，搭配不好便会贻笑大方。

女性用的提包不一定是皮包，但必须质地好、款式庄重，并与服装相配。正式场合使用的丝巾要庄重、大方，颜色要兼顾个人爱好、整体风格和流行时尚，最好无图案，亦可选择典雅、庄重的图案。女性正装场合可以佩戴一块正装手表，但造型特别时尚新潮、图案特别花哨的手表不适合佩戴在正式场合。如果已经戴了手镯或手链，则不可以再戴表，那样会显得很累赘。女性常用首饰包括耳环、项链、戒指、手镯、手链、胸针等。佩戴时以少为佳、同质同色、风格划一。注意有碍于工作的首饰不戴，炫耀财力的首饰不戴，突出个人性别特征的首饰不戴。在正装场合的首饰最多可以佩戴三件，它可以是耳环、戒指、手镯、项链等，太多就不得体了。女性在正式场合可以使用香水，但味道不宜太浓烈，以一米之内可以闻到，一米之外闻不到为宜。香水最好是大品牌、香味纯正的高档香水。

在商务活动中，女性穿正装，并按正装要求来搭配，是不会出错的。现在市场上的正装成衣款式多种多样，只要选择颜色庄重、款式大方、质量上乘的正装，都是合适的。不过还要注意，选择时要根据自己的身高、体形、肤色、气质来定。

6. 拜见长辈时还是正式一点好

无论是作为女朋友去男朋友家见家长，还是因为商务目的需要拜见长辈，又或是到朋友家做客需要与长辈见面，都需要女性收敛日常着装的闲散，打破职业装束的拘谨，穿得既正式又温婉可人才好。这既是对长辈的尊重，也是争取长辈好感的好机会，着装一定要正式、端庄、大方。像超低领口、超高开叉、超短裙和紧紧裹在身上的裙子及其他任何暴露的衣服，都不太合适，还有破洞、补丁、男式装束、做旧衣服、夸张装束等，也不合适，只会让长辈们觉得不可理喻。所以拜见长辈一定不能穿着随便，要郑重对待，但也不必过分隆重或是奢华，简洁、大方的装扮是最讨喜的，能给长辈们留下良好印象。

至于怎么搭配，并无一定之规，能让自己漂亮好看，显示出自己独特的气质，又能得到长辈们喜欢的装束当然是最好的。无论是乖巧可爱范、温良贤淑样、清爽干练风，都可以，就是不能性感妖娆、奇装异服或是过于奢华时尚。

见长辈虽然是很郑重的事情，但并不需要穿礼服，日常的正装就可以。除非工作拜访可以穿职业装，显示干练和专业外，一般不建议穿工作装做客。外套和内搭是经典的选择，既正式又不过分张扬。

如果是冬天，外套选择色彩柔和明亮的大衣、外套、毛衣都可以，棉服、羽绒服也行。色彩不要太强烈，特别是对比太强烈的颜色，会给人压迫感。过年的话可以选红色大衣，喜庆又应景。不过，如果大衣颜色很亮，内搭就要低调些。外套颜色略微沉闷，像黑色、藏青或是深棕，内搭就可以活泼粉嫩一些。最好不要外套和内搭都一身黑，这样会显得沉闷老气，缺乏活力。如果确实很喜欢黑色，可以加上亮色的包包、丝巾或者项链，打破这种沉闷感。

如果是夏天或是天气不冷，无袖连衣裙加小西服外套，或者吊带背心加短裙搭一件半长褛空衫，都是可以的。

内搭的选择也很多，可以是裙装，也可以是裤装，外套是第一眼的印象，到了室内脱了外套，内搭要经得起细细打量，才不失品位。所以内搭也要精心选择，可以尝试毛衣加长裙、白色打底衫加深色背心裙或者亮色的毛衣配牛仔裤、铅笔裤。

裙子可长至膝上2公分，款式可以特别点，颜色可以根据外套、上衣搭配，整体上注意颜色深浅、内搭外套长短结合。过膝彩色或者花朵款短裙，俏丽又端庄，非常适合见长辈。不太冷的地方，上面搭件毛衣就可以出门，怕冷穿上裤袜，外面加长外套，一样貌美。

过于紧身的裤子尽量放弃，如果身材好，紧身裤会过于火辣，如果身材不好，紧身裤会暴露缺点。合身不紧绷的裤子最好。一条窄腿牛仔裤，不会紧绷，又穿出好身材。铅笔裤修饰身材，黑色非常雅致。小阔腿的背带裤，穿上毛衣就很合适，外搭内穿都加分。

鞋子也很重要。要注意任何鞋子鞋跟都不要过高，选择6厘米以下的鞋跟，高雅美丽。冬天穿过膝靴时髦又保暖，搭配各种裙子都很美，可是如果鞋跟过高就会有些夸张，也不利于走路，换上低跟过膝靴，就不会有这种烦恼。还有精致的平底鞋，实用又乖巧，白色、粉色、红色都很讨巧。

7. 约会，不妨多点性感

初次约会，要想展现自身魅力，甚至让对方一见钟情，首先要从“眼前一亮”做起。曾有调查显示，初次约会时对方穿什么，多数人在很多年后仍会有清晰印象，足见约会时的服饰、妆容搭配有多么重要了。

不过，初次约会，女性的穿着应当以整洁大方、清纯自然为主，与自身年龄、气质相符是最重要的，不要太随意也不能太正式，以舒适合体的衣装为宜，裙装裤装都可以。颜色上也有诸多选择。鲜艳的红色充满活力，魅力十足；柔和的粉色或淡紫色系可以使女性变得更漂亮温柔；明亮的糖果色活泼可爱，看上去甜美又清新；醒目的黄色或橙色则有赶走不良情绪的功效，使人心情开朗，都是约会不错的着装选择。

有的女性认为，初次约会要保守传统一些最“保险”，所以喜欢选择简单的黑白色，或其他中性色调的衣服。其实这样反倒太清淡，难以提升约会的气氛。

如果是情侣间的约会，衣着当然会随便很多。一般来说，男性都喜欢看到女性明艳照人，尤其是自己的女伴光鲜亮丽，会让他们觉得很有面子，所以适度的打扮是必要的，而且不妨稍微性感一点。比如穿上迷你裙露出美丽的双腿，或是蕾丝花边的裙子、百褶裙之类，增加自己的女人味，也可以选择式样大胆一些的连衣裙，如露出肩背的设计、收腰或是开叉的长裙，都是可以的。下面这些单品都是可以考虑的。

单一色系的洋装：平口一字领、露背设计、百搭黑色洋装。简单又不华丽的洋装，却暗藏玄机，微露性感，恰好可以吸引男伴的眼光。男性不喜欢太夸张的服装，过度夸张的服装容易吓跑他，带有简单设计的洋装比较得宜，透肤、蕾丝洋装都带有一点的性感元素，最适合情侣间的约会。

有透视感的上衣：甜美的透视感蕾丝单品，可以展现小女人的性感。这样的上衣再加上紧身牛仔裤，既性感，又不显得刻意造作。白天可以搭配圆领衫，而夜晚出席狂野派对时也可以配上性感的迷你上衣。

白T恤加上牛仔裤：最经典的休闲装扮，让你看起来舒适又自在，此外，这样的打扮也是最简单又随性的情侣装，适合年轻情侣间的约会。可以挑选材质较薄的贴身T袖或是V字领的样式，有着不经意的随性模样却又让人有遐想的空间。

无袖连衣裙也是不错的选择，一条有细节又质地良好的无袖连衣裙，可以将性感悄悄释放，纯色或是花色都让你在性感之外又多一些甜美。

总之，情侣约会，多一点性感会更迷人。

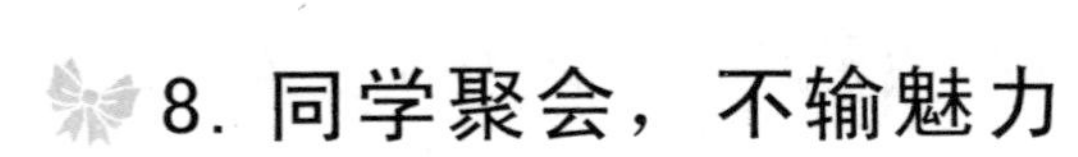

8. 同学聚会，不输魅力

老同学聚会，是很亲切、热闹又随便的场合，大家都很熟，都知根知底，所以衣着不用像商务活动那样正式，随意、舒服和亲切最重要。一般来说，同学聚会穿衣打扮“八字方针”：简洁、得体、把握潮流。不必过于奢华，会让同学觉得你在炫富，当然也不可过于俭朴，让人有寒酸或是哭穷之感，也是不好的。最好是和同学们们风格一致，档次基本一致最好。当然干净整洁、跟上潮流是必要的，不能让人觉得你邋遢，也不能让大家感觉你已经落伍了。不装嫩，不显老，不过分隆重，也不过分低调，随意一些更能营造亲切感。但是随意不是随便，随意其实也是精挑细选、用心搭配后的随意，看似不经心，其实很独特，将时尚元素巧妙地融入自己的着装，彰显自己的独特魅力。

当然，聚会和聚会也有不同，毕业一年与五年不同，毕业五年和十年又不同，总之一条，打扮得轻松随意又有魅力才是最好的。

对刚走出校门没多久的职场女性来说，青春时尚的装扮最适合，清新明丽的色彩、华丽时尚的款式，甚至一些奇异的潮流风。格纹短裙，卡通图案的体恤，牛仔破洞裤，白色系的连衣裙，也都是不错的选择。还可以利用一些装饰增加甜美和可爱，如蝴蝶结元素，就是又甜又美的元素。蝴蝶结在腰间处，娇俏又不矫情，适合任何一款裙装，尽显女性的优雅好气质。衣领处戴一个蝴蝶结，是最常见的服饰搭配，时而清新，时而个性，无论是带有蝴蝶结的裙装，还是有蝴蝶结装饰的衬衫，都能将女性柔美的一面，展现得淋漓尽致，让你在聚会时魅力独具。

三十岁左右的职场女性，有了历练后的沉稳韵味，更多一些理智和知性的气质。有些中性的职业装扮，在聚会上更加体现出自身的知性来，简约的造型带来独一无二的效果。

如果不愿太高调，聚会上就想安安静静地坐下来和朋友们聊聊天，一件带有职业感的西装款上衣就是首选。长款的针织毛绒衫让可爱与优雅兼备，另外，有时候低调的装扮也需要精致的饰品来点缀一番。带有英伦范儿的格纹装，即使是低调简约的款型也能让你在聚会上备受关注。带有装饰感的衬衣总是别有一番韵味，让你在大家心目中留下深刻印象。

无论是长款还是短款的外套，简约版的造型都能穿出你的特色来。内搭一件带有图标的T恤衫也会增色不少。

对于40岁以后相对来说年纪较大，经济基础较好的人，往往都事业有成了，所以最重要的是不要炫富。这个年纪的女性都是比较优雅的，很有女人味的那种，也有经济基础能搭配一些高档的服装。所以，在挑选服装的时候尽量挑选一些有少量装饰提升整体质感，款式新颖有潮流感，但不怪异的款式。可以挑选一些领口带有宝石或珍珠设计的连衣裙，打造高雅气质。这个年纪的女性，可能腹部会有一些赘肉，所以需要收显身形，在挑选款式时可以选择有荷叶边设计的裙装，收紧腰部，而且掩盖腰腹及胯部的赘肉，让你的身材感觉更好。还可以用浅色外套，里面配上连衣裙营造青春气息，这样不会觉得过分年轻，加上宽版外套打造淑女气质，会让参加聚会的同学们眼前一亮，而不是一惊。

切记满身名牌标识，或者全身珠光宝气，一点点的装饰就可以了。太奢华的装扮和太多的首饰，只会营造距离感，精心而又随意的装扮，才亲切又大方。

9. 休闲度假，要的就是舒适自在

对于常年被板正的职业正装禁锢着的职场女性来说，休闲度假不仅是精神上的放松，更是身体上的大解放。每日在高楼林立的都市里奔波忙碌，就连穿衣的风格也日渐趋同，每天衬衫加铅笔裙，穿都穿腻了。解放身体，换上宽松舒适的休闲度假装扮，即使没空去度假，随意地休闲也要让自己的心情轻松起来！正装当然是要被放在一旁，舒适、自在又漂亮的服装搭配，才是这些时候的最爱。

所谓休闲场合，就是人们在公务、工作之外，放松身心进行休闲活动的场合。如居家、健身、娱乐、逛街、旅游、度假等都属于休闲活动。这些场合以享受为主，追求的是舒适、方便、自然、无拘无束，当然还要美丽好看，美是女性穿衣永远的追求。适用于休闲场合穿着的服装款式，一般有家居装、牛仔装、运动装、沙滩装、茄克衫、T恤衫及各种舒适自在的搭配。

在家里休息，舒适是基本原则，美在其次。可以穿家居服和睡衣在家里活动。但是千万别图省事，把睡衣穿到大街上去，门里和门外的场合是不一样的。睡衣和家居服现在也有很多品牌和款式，选择喜欢的就行。纯色、花色不限，但质地最好是全棉或其他贴身效果好的面料。不过如果家里有孩子，那种性感透明款的睡衣最好还是收起来，以免给孩子带来不好的影响。

健身运动时，应当穿着运动服，方便运动，款式新颖、色彩明艳的运动休闲装、瑜伽服，都是又美又时尚又舒服的选择。

观光游览时，一定要穿着方便，运动装或是休闲装搭配穿运动鞋，轻松便捷，即便长长的游览路线走下来，人也很放松，毫不拘谨，脚底也不那么疲惫。千万不要太正式，如果你穿着套装或小礼服去旅行，只会让周围的人觉得别扭。逛街购物随便穿着就好，不用太正式，舒适自然，走着不累就行。

外出度假的话，不仅要舒适，美丽也是不可或缺的元素。所以衣物的实用功能和扮美功能都不可缺少。

当然，休闲度假要舒适随意，但随意不等于随便穿搭，想要成为精致女人，任何时候都不能随便。那么如何保持自己休闲自在的风格，又能凸显自己的穿搭精致感呢？下面这些休闲穿搭，可以开启你的休闲穿衣灵感。

（1）露肩装

露肩装是休闲时光里的良配，既能在夏日里带来清凉，又美丽而富有个性。看看《欢乐颂》里安迪的海边度假装，全部是露肩款式，就明白它对休闲的意义了。一字肩的露肩长裙装，很性感，还能显瘦，是度假绝配。荷叶边款的衣服，能有效地遮挡身材缺陷，少女范十足，走到哪里都是小仙女。还可以用黑色一字领搭配印花背带裙、背带裤，感觉也会很特别。

（2）露背装

度假就是要舒适随性，怎么喜欢怎么穿，平常被禁锢很久的身体这会儿可以尽可能地放松下来，这时就可以穿上露背装了。可以是露背的长裙，也可以用露背的短上衣和阔腿裤、短裤和短的印花裙来搭配，连身的设计，把心思全留在后背，简简单单又不失细节，加上一顶好看的大沿帽，非常适合慵懒的度假时光。

（3）碎花长裙

这个几乎是海边度假的标配。颜色鲜艳、裙长拖地、露肩露背或者仅是长裙都好，关键是满满的度假风。

（4）纯色连衣裙

对于爱拍美照的女性来说，白裙子是首选。碧水蓝天再配上白衣白裙是多么的赏心悦目。不过穿白裙子的人那么多，也很难穿得与众不同。所以裙子款式就很重要了，有设计感的、蕾丝的、露腰的、露肩的，都不错。特别一点的款比基本款要活泼得多，还可以配顶沙滩帽，再也不用担心拍照美不过别人了！

除了白色，红蓝绿棕青紫，都可以，纯色系的裙子都能拍出好看的照片，比如正红色的长裙，配上墨镜或者是金属质感的配饰，美极了。即便天气不好，灰蒙蒙的大阴天或是细雨绵绵的天气，穿红裙也能一扫阴郁，拍出明媚的感觉来。

（4）T恤衫

T恤衫加牛仔裤的搭配，几乎是休闲装的代名词。简单的白T恤衫和经典蓝的牛仔裤，再配上旅游鞋或是小白鞋，就是经典款。蝙蝠袖印花T恤衫，有的就是从容不迫的底气，宅在家里也好，逛街也好，不会给你任何的束缚。白色基本款T恤衫，配民族风半裙，围裹式设计有女性的柔美感，再配上小挎包、大沿帽、墨镜，是十分经典的造型！

（5）白衬衫

白衬衫的使用维度相当广，一年四季都能穿，而且能穿出各种各样的风格来，既能搭各种裙子裤子，还可以穿在小吊带等贴身衣物的外面，又能避阳，昼夜温差大时还可以防寒，是夏季外出度假的必备百搭。在海边不好意思穿着泳衣走来走去，白衬衫还可以做泳衣外搭，也能防晒，非常实用。

（6）下装

牛仔裤、阔腿裤、休闲裤还有连体裤，以及各种短裙、短裤，都是下装的好选择。牛仔裤在休闲时光基本是必备的。阔腿裤也是百搭，什么样的上衣都是可以的，T恤衫、吊带衫、白衬衫、花色衫、一字肩，都能搭得上，更多一份成熟妩媚的味道。选择裸色阔腿裤，内搭蕾丝荷叶边上衣，腰间的蝴蝶结彰显甜美可爱。还可以用吊带阔腿裤配白T恤衫，黑白配最没有压力，不挑年龄不挑长相，简洁明了堪称时尚经典。休闲时光休闲裤也可以大显身手。白罩衫搭配绿色印花休闲裤，能跟海天背景很好地融合。连体裤、牛仔短裤、背带短裤也是度假装的好搭档，怎么穿都好看。

至于鞋子，当然会摒除细高跟的船鞋，代之以各种舒适、轻便的旅游鞋、休闲鞋和拖鞋，最舒适，也最有休闲范儿。

10. 注意特殊场合的穿着禁忌

穿衣有各种各样的讲究，也有各种各样的禁忌，特别是一些特殊的场合，比如婚礼、葬礼、作客等，穿得不对不仅降低了自己的品位，还会得罪人。具体说来，下面这几个场合，一定要注意着装的禁忌。

（1）参加婚礼着装禁忌

参加婚礼的着装一定要正式，不能穿短裤、拖鞋或是衣冠不整。这是新人一生中的大事，穿戴整齐是对主人基本的尊重。如果即将参加的婚礼比较注重仪式，比如说教堂婚礼或者是外国人的婚礼，就一定要穿较隆重的衣裙，套装、旗袍或较华丽的连衣裙都是不错的选择。最好不要穿着黑色衣物参加婚礼，以免让新人感觉晦气。

婚礼上最忌讳的就是抢了新人的风头，女性尤其要注意衣服的颜色与款式不要与新娘“撞衫”。现在婚礼新娘既穿西式婚纱也穿中式礼服，为了不抢新娘的风头，白色或者很淡的米色系列及大红色不要穿，白色的公主裙、小洋装也不要穿，红色的裙子或套装也要慎选，颜色应以紫色、绿色、粉色、灰色、酒红、米色等为宜。如果是未婚的年轻女性，水粉色或是水蓝色衣服比较好。不要穿拖地的长礼服，显得过于隆重。款式以稍微保守一些为宜，穿着的裸露程度切不可超过新娘。着装也不能过于暴露，吊带衫和过于性感的衣服都是出席婚礼的大忌，如果真的要穿吊带衫一定要在外面套上外套或者披肩，身材过于丰满的女性可以选择V领的衣服拉长比例。如果是年纪比较大的女性，棕红色或是宝蓝色的衣服比较合适。尽量不要选择中长裙，尤其不要搭配老式围巾和披肩。首饰简洁款最好，选择1～2款有时尚感的精致配饰，就能恰到好处地体现品位而不显庸俗，切忌穿金戴银，这是不抢新娘风头、尊重新人的表现。总而言之，做好绿叶。

（2）参加葬礼的着装禁忌

悲伤肃穆的吊唁活动场合、葬礼场合，在着装上应该避免突出个性，展示美丽，而应与场合贴切，表达悲伤和肃穆、庄重的感觉。因而全身衣装都要素净深沉，一般让外表的肃穆和内心的沉痛协调一致。切忌穿得花红柳绿、妖娆艳丽，也不能过于暴露或是奇装异服，要穿黑色或深色套装，鞋子也应当是深色；最好不要化妆，更不要抹口红，不要戴装饰品，不要用鲜艳的手绢或丝巾，中规中矩和严肃板正，才是参加葬礼的正确穿衣风格。

如果是死者的亲属，还要戴孝布，这个要听从主人家的安排。现在有的葬礼要戴黑色的袖章表示哀悼，袖章要工整地戴在右手臂上。在农村，也有由主人家按亲属关系的远近发白色孝布，戴在头顶或是系在腰间的，一定要听从主人家的安排，规规矩矩地把白孝布戴在头顶或是系在腰上，不能随便取下来，也不能系到手腕上或是随意乱搭。

（3）其他特殊场合穿着禁忌

参加孩子的毕业典礼或是家长会时，肯定要穿得漂亮又不失庄重，在中国，参加毕业典礼套装刚刚好，穿旗袍和晚礼服就会让人觉得过分隆重了。

面试时，一定要干净整洁。脏污和皱褶、破旧、破洞的服装，绝对不适合穿去面试。面试服装也不能太花哨，卖萌、装可爱都不适合职场。把身边的粉红娃娃、缤纷花朵、绒毛玩具、公主发夹统统放在家里，穿一套爽利的正装走入职场。

一般的商务场合，如果与女上司一同参加，最忌讳在穿着上超过女上司。一定要比上司稍微低调一点，从而突显对上司的尊重，也不会让谈公事的对方认错了人。

第三章

注意自己的职业和身份，展示独特魅力

职场不是秀场，而是战场，不论男性女性，每一个人都要使出全力拼命冲杀，才能争得一席之地。所以，职场穿衣不需要太多的性感和美丽，最需要的是专业和精干。着装时无论是简洁大方还是优雅得体，都要符合自己的身份和职业，在打造专业形象的同时，展示自己的独特魅力。

1. 办公室着装，远离过分时髦和性感

对于大多数职场女性来说，基本上所有的工作时间都会在办公室度过，要展示自己的能力和气质，办公室就是工作的主战场。但是，职业女性切莫真把办公室当成一个展示的平台，而忘记了它更重要的功能——这里是办公的，不是T台！更要时刻提醒自己牢记身份——自己是职场一员，不是走秀模特！所以，办公室着装，最需要花点心思，精心搭配，既要展示自己的魅力，不掉队不落伍，又要符合自己的身份和礼仪，不可随心所欲。

按照“TPO”原则，办公场合当然要穿办公的服装。办公室女性着装应该体现干练、成熟、自信、端庄、诚恳、阳光的气质，故而职业正装最为合适。但也并非完全地板正规矩，天天套裙衬衫一成不变，可以随心搭配，再适当加一些小装饰，打破职业装的古板和沉闷感，基本就是很标准的职业穿着了。

事实上，很多女性却并没有按照自己的职业和身份来搭配，特别是一些对着装要求不严的公司，穿得花哨、时髦、性感或是新潮的白领女性比比皆是。这其实是不对的。职业女性一定要明白，在办公室里工作，完全不同于在户外游玩或在家里休闲的时候。在大多数工作场所，大肆展示女性美既不合时宜，也有损身份。所以，穿着要符合自己的身份，办公室白领一定要注意以下办公室穿衣的禁忌。

（1）忌过分性感

露胸、露背、露肩、露大腿……严格来说，一切暴露装都不适合进办公室。过分性感和暴露的衣装，如吊带装或是超短裙，不但不会被同事、上司或客户认同，反而会被认为很轻浮。简约的职业装才会树立起大方

得体的职业形象，获得信任。

（2）忌过分时髦

潮流天天都在变，但办公室的着装规则却一直没变。不要把追时髦当成魅力的表现，花枝招展、新潮时尚的打扮适合私下穿着，但绝不适合办公室。特别是那些时髦的奇装异服，看似新奇好玩，但并不符合办公室职员的身份，不要穿到办公室。办公室装扮就应该适合办公环境，波西米亚风格、朋克风格等街头风格不要轻易尝试。过于短小和紧身的衣服、内衣外穿式打扮、露腰露肩的服装，也不合适办公室，这样的打扮只会给人不稳重的感觉。办公室着装还要注意内衣不能外露，穿着裤子或裙子时，不要明显透出内裤的轮廓，文胸的肩带注意不能露在衣服外面。

（3）忌不够专业感

学生味浓重的半截袜套、卡通图案的T恤衫、式样新奇的裙子或破洞牛仔裤，也不适合办公室里穿，这会让职业女性丧失应有的专业感，让别人觉得你只是个什么都不懂的学生妹。相对地，职业正装就会让人对职业女性的能力产生信赖。

（4）忌过于奢华

办公室穿衣并非一定要是名牌，重点在于适合职场，适合自己的岗位。色彩不要太鲜艳，也要特别注意勿穿太多色彩的衣服。裤子、裙子一定要单色，最好是冷色系列。首饰可以精致，不必昂贵，在职场，女性要在会议上表现得出彩，而不是让自己的珠宝放光。记住，在办公室显示自己的奢华是大忌。

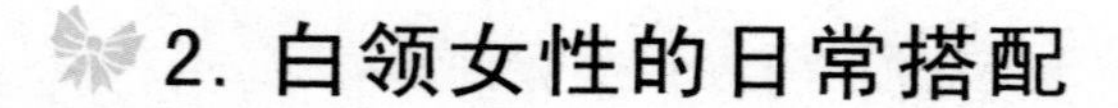

2. 白领女性的日常搭配

不能太时髦，不能太花哨，不能太学生味，更不能太随意，那么，办公室白领到底该怎么穿？下面这些单品是必不可少的。

（1）西装

上班穿的西装不需要很贵，关键是要合身，衣物质地要好，不起球、无褶皱。首先要确保肩宽适合，因为这部分的裁制是最难的。款式职业化一点，颜色选庄重一些的颜色，尽量选择中性色，如海军蓝、中度灰色、暗红、骆驼色、红褐色、黑色、米色、棕色、深灰褐色、深栗色、奶油色、橄榄色等。尽量避免红、蓝、浓绿，香蕉黄或鲜橙色看上去缺少职业性。

（2）裤子

不管是西服裤、阔腿裤还是紧身的九分裤，正式的裤装总是能有效打造职场专业范儿。不过绝对不能穿运动休闲裤。质地以高级混纺面料为好。丝绸和亚麻风格也可以考虑，但这二者都很容易起褶皱，所以护理时要格外留心。

（3）铅笔裙

一条及膝的铅笔裙是办公室女性穿着的最佳选择。鉴于这类裙子本身廓形比较保守，因此，除了在非常正式的办公场合，一般情况下完全可以加点花样，比如，尝试带图案装饰的、大胆的颜色，各种各样的面料。只需要确保上身搭配低调的基本款即可，类似圆领毛衣和下摆扎进去的衬衫等上衣，都是铅笔裙非常不错的搭档。

（4）及膝或中长半身裙

不管是喇叭裙、裹裙、百褶裙或宽下摆的裙子，任何长度刚好从膝盖到小腿中部的款式，都会是办公穿搭的得宜选择。

（5）衬衫

每个职业女性的衣橱里都应该有一系列的衬衫。面料可以是纯棉、仿丝织物真丝、亚麻，颜色可以是白色、米色、浅蓝、淡紫等。特别是白衬衫，是职业女性穿搭的标配，是必备款。

（6）高跟鞋

一双尖头的单底细高跟是优雅的代名词。船形鞋、粗跟鞋及一些款式时尚新潮的高跟鞋，都可以备一双。要注意的是在追求时尚和新潮的同时，要适合职场和正装的搭配，小心时髦过度。

（7）饰品

一个时尚的白领女性，适当戴一些首饰是允许的。不过饰品不宜过多，更不要过于夸张和奢华，恰到好处即可。一般是戒指、手链或细长的项链，不建议戴耳饰，特别是较大或较显眼的耳环或耳坠，可以戴小的耳钉。脚链则绝不适合上班佩戴。鞋子也属饰品，凉鞋不适合在工作场合穿着，任何露趾鞋都不适合，因为不太雅观。饰品要尽量选择同一色系。

有了必备的单品，搭配又是一门学问。不同的季节、不同的体形、不同的喜好都会搭配不同。明亮轻快的色调更适合春天，比如白底印花的连衣裙，搭配一件藏青或深色的小西装外套，精致、低调又典雅。外面的深色外套，不仅丰富了穿搭的层次，还注入了沉稳和可靠感，又美又专业。夏季可以穿着套裙搭配一些配饰，或者就穿设计感强、体现职业性的连衣裙。秋天可以用白色花纹蕾丝衬衫，搭配一条富有设计感的印花包裙，将优雅迷人气质展露无遗，再搭配一件领口极具设计感的白色小外套，也可以尽显气质。冬天外面有大衣、棉服、皮衣甚至羽绒服来阻挡寒冷，里面尽可以穿得薄一些，羊绒的小毛衣配半身裙加长靴或短靴，既保暖又好看。不过具体到每一天，搭配也不相同。

（1）星期一

繁忙的星期一，穿着上一定要沉稳得体。选择白衬衫与小脚裤搭配是最合适不过的，展现出干练又优雅的气质。穿一双颇具气质高跟鞋，迅速找回精英的气场，进入工作状态。可以用高贵的宝蓝色经典小西装，里面内搭一件白色或淡粉色真丝衬衫，精致干练，什么肤色和气质都可以驾驭，也特别适合办公室的环境。下身可以搭配一条小脚裤，高挑显瘦，或是搭配一条连体裤，绝对给一周的士气加满分，帮助职业女性自信满满地投入到工作中。天气冷要出门的话，穿上舒适的马靴和皮衣，英姿飒爽，选择一款同色系的简单大包，有足够的空间让你装进需要处理的文件。

（2）星期二

星期二专心投入工作，干练打扮更重要。比如白色印花小西装，内搭一件黑色吊带，优雅时尚，下身搭配一条牛仔裤，穿上百搭的黑色牛皮高跟鞋，装扮周二不一样的特点。天气冷可以穿深色的大衣，内搭一件温暖明艳的毛衣，黑色的加绒小脚裤，搭配一双粗低跟鞋，有条不紊地开展工作。一件有质感的大衣是职业女性必备的办公室“战袍”，所以不要怕价贵，要在衣柜里储备一件质地优良的大衣。

（3）星期三

星期三工作也不能懈怠，办公室着装也是同样的，这时候的装扮一定要有足够气场，让自己精神饱满。挺括的毛呢长西装，配搭柔软质地的衬衫，让硬朗挺括与轻柔优雅相碰撞。

（4）星期四

穿上深灰色毛绒上衣，柔软的腰带，印花的及膝裙，充分展现女人的妩媚，粉红色的别致弧线的包包，让职业女性的妆扮又多了娇俏可爱，整体造型尽显女人味。亮色西装也是上班装中的新宠，再用清爽的衬衫搭配一双钻石链小高跟，优雅又爽利。

（5）星期五

星期五素有“便装日”之称，穿着可以稍微放宽要求穿得偏休闲一些了。因为到了周末了，方便下了班直接去赴约会或是聚会。一件色彩艳丽的连衣裙可以让心情瞬间明亮起来，再搭配上一件黑色长款西装外套，既可以安心上班，沉稳办事，下班要去周末的聚会，只需脱下长西装就好了。这套搭配是周五不错的打扮。

星期六和星期日，终于休假了，可以尝试我们之前推荐的度假装扮，也可以随心所欲，放飞自我，想怎么穿就怎么穿，不必再拘泥于职场了。

3. 公务人员，衣着不可随便

公务人员代表着国家及其所在单位的形象，人们对公务员的第一印象，大多是从服饰开始的，女公务员尤其如此。女性公务人员的着装如果过于随意化、个性化，花枝招展、奇装异服或是脏污邋遢，都会瞬间拉低政府和单位的公信力，降低民众对政府权威性和严肃性的信任度。同时也会使工作难以展开，影响工作效率。

* *

某乡镇政府新来了一位女副镇长，有很好的学历背景，也有过硬的专业知识，口才也非常好，是“解决问题高手”，什么疑难问题到她这里都能很好地解决。但是每当她下到社区，真正面对社区居民，帮他们解决家长里短、邻里矛盾时，却总是没人听她的。即便她狠狠地吼着说话，也没人听，甚至无视她的存在，不听她的任何调解意见，一点小问题也要闹到镇长那里去。这让她很是苦恼，领导也很奇怪，以她的能力是可以解决这些问题的。后来她的一位时装设计师朋友指出了她着装的不足：32岁的她，长得小巧可爱，身高153厘米、体重43公斤，虽然年纪不小了，却喜爱穿童装，卡通图案的T恤、亮色的宽口鞋，甚至背带裙、蓬蓬裙，这使她看起来像个不懂事的小女孩，其外表与她所从事的工作相距甚远，大爷大妈们很难对她产生信任。时装师朋友建议她用服装来强调出自己的气势，用深色的套装，对比色的上衣、丝巾来搭配。女副镇长听从了朋友的建议，改变了穿衣的风格，走成熟稳重路线。此后，再去社区解决问题，大家不再忽略她的存在了。

* *

公务人员穿衣，随便是不行的。要符合自己的身份和地位。试想，一位前来解决问题的女市长，穿得花枝招展，轻浮性感，怎么能让人相信她可以解决好这个问题？一个本应当庄重严肃地去执行公务的女警察，却胡搭乱配，穿得江湖气十足，谁会相信她能维护正义？所以，公务人员穿衣，随便是不行的。很多庄重严肃的公务机关都有专门的制服，如警察、税务、法官等。一般的公务单位也都有严格的穿衣规范，而且现在越来越规范。

* *

早在2010年，浙江省档案局就曾在全系统内制定并严格执行《女公务员办公礼仪规范》，在着装、语言、交往、行为四方面对女公务员提出了要求。明确规定吊带衫、露背装、紧身裤这类性感的衣服，浙江省档案系统的女公务员在上班时不允许再穿。这个规范把“服饰美”摆在第一条，要求女公务员的“办公

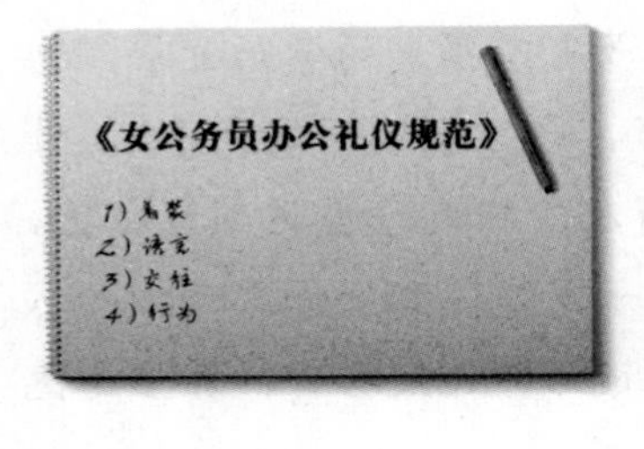

服装应合乎身份，庄重得体、朴素大方，忌过于前卫招摇，在一定程度上体现自身修养与素质”。同时规定，在工作中及正式场合，着装不应过于单薄紧身，内衣不应外露，佩戴的饰物以少为好。

一般来说，正式的公务场合着装，一定要以正装为主，也就是制服、或深色的西装、套裙等，还要与自己的身份、地位、性别、年龄契合，这样才能展现出公务人员应有的形象。那种花红柳绿、胡搭乱配、新潮时髦、装嫩卖萌甚至过于中性、难分男女样式的随心所欲的着装，是需要摒弃的。公务人员要特别注意服装的款式、色彩、搭配，不能大红大绿，不可乱穿乱戴，选取服装应当合乎身份，以庄重、朴素、大方为要。工作中所选择的服饰，要符合常规的审美标准，保持服装的整齐干净。

公务着装不必紧跟“时尚”，也不必追赶“潮流”，更不必展示“个性”，而应当符合惯例，中规中矩、端庄规整和保守大方。

4. 教师的最保险搭配

一名优秀的女教师不仅仅要学问做得好，课程讲得好，还要有良好的品行和优美的仪容仪表。因为教师的衣着风格也会对学生起着潜移默化的引导作用，因而穿着上一定要大方、端庄又让人感觉亲切、温暖，既体现老师的威仪，当好学生的表率，又不至于因太过隆重、华丽引发学生内心上的距离感，这样的着装才是最好的搭配。

现代职场女性服饰一般以灰、黑、蓝为主色调，但这几种色彩却并不适合教师。研究表明，儿童乃至青少年，对明快、温暖的色彩特别感兴趣，所以女教师的服饰色彩应该是明快的、温暖的。白色、苹果绿、柠檬黄、天蓝、粉红、湖蓝、桔黄等颜色是女教师的首选。款式一定要庄重、大方、简约又不失时尚。在服装搭配上注意以下几点。

（1）夏天的保险搭配

夏天，最保险的装扮无疑是款式简洁的各色衬衫配半身裙或裤子，既凉爽漂亮又安全可靠不会走光。衬衫颜色可以明亮、温暖甚至艳丽，裙子或裤子则以深色为好。裙子不可太短，在膝盖上下3厘米都可以。配以肉色丝袜，半高跟或稍低跟的舒适皮鞋。

夏天也可以穿各种浅色的连衣裙，不要太紧也不能太松，合体最宜。过于短小和紧身会给人不稳重的感觉。穿衬衫时注意衬衫下摆应掖入裙腰之内而不要悬垂于外，也不要在腰间打结。衬衫的纽扣除最上面一粒可以不系上，其他纽扣均应系好。穿着西装套裙时不要脱下上衣而直接外穿衬衫。衬衫之内应当穿着内衣且内衣不能显露出来。穿着裤子或裙子时，不要明显透出内裤的轮廓，文胸的肩带注意不能露在衣服外面。穿裙子时一定要穿袜子，不能光着腿。穿着丝袜时，袜口不能露于裙子外面。不要选择鲜艳、有明显花纹或网格的丝袜。身材偏丰满的，可以穿着深色系列的上衣和冷色系下装，视觉上有收缩感，看起来更苗条。也可以选择与潮流适应的新款衣服。

发型要典雅不夸张，可以化淡妆，不可浓妆艳抹，尽可能不佩戴手饰，特别是粗项链、手镯、手链、耳环，上班时间不穿细带裙、超短裙及露背装，不穿过透的服装，不穿过高细跟鞋，不留长指甲，不涂指甲。

（2）春秋季的搭配

春、秋两季空气稍凉时，可在连衣裙外穿一件小西装领八分袖外套，或者针织外搭，配以平底皮鞋；也可穿西装套裙，浅色、深色都可，配

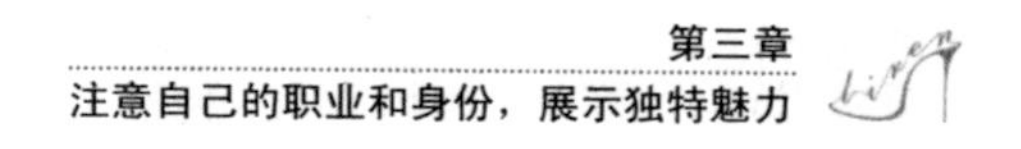

以同色皮鞋；喜欢运动的可穿颜色鲜艳的运动服，配以运动鞋或休闲鞋。

（3）冬季搭配

冬季可穿质地挺括的套裙或套装，也可是毛衣配毛呢裙再搭风衣，配以皮鞋或皮靴、以风衣搭围巾或丝巾。外面搭质地良好、款式适合的大衣、棉服、羽绒服都可以。

（4）经常变换

女教师的服装不能一成不变，那样会给学生死板僵化的印象。特别是初高中教师，稍微时尚一点会更受学生的喜欢。所以不妨多变一些风格，不要每天都穿同样的衣服。

5. 学生的清纯打扮

如果自己还是学生身份，只是在职场实习或是短期兼职，在穿着上的限制就会少了许多。可以说年轻的女学生，穿什么都是可以的，随便混搭甚至乱搭都不错。但如果过于职业化、成熟化，反倒会失了学生的天真和可爱。故而清纯自然的装扮是合适的。

（1）白衬衫搭配牛仔裤

白衬衫配牛仔裤的穿法，简洁而青春，清爽自然又活力无限，正是女学生的不二选择。白衬衫配上当季流行的破损紧身牛仔长裤，搭配平底小白鞋，极其简约清爽的装扮，不多加修饰，反而多了一份舒适自然的美，裤装的破损处理在简约中多了一点不羁。

天气冷时白衬衫还可以加靛蓝色纹理开衫毛衣，再搭配蓝色破损牛仔紧身长裤和白色皮革牛津鞋，轻盈质地的雪纺白衬衫内搭，经典的衬衫穿法之一，搭配浅色的牛仔裤与牛津鞋，混搭的层次感极强。

还可以用白衬衫搭出一些变化来，如基本款白衬衫加蓝色牛仔紧身长裤和黑色尖头高跟鞋，温婉又清纯。基本款白衬衫搭暗蓝色牛仔紧身长裤和黑色扣饰皮鞋，又是另一种清纯风。娃娃装白衬衫搭蓝色牛仔紧身长裤和白色休闲鞋，则又有另一种的萌得要化开的清纯味道。

各种颜色毛衣配牛仔裤也是学生装常见的搭配，看上去比较显瘦，皮肤细腻的女生穿上更有魅力。

（2）白T恤搭配背带裤

背带裤或是工装裤，搭配白衬衫，几乎是校园风的标配。特别是搭配黑色的背带裤，更是超经典搭配款式，对于大学生也是非常适合的。白色的衬衫搭配黑色的背带裙，同样清纯可爱。

（3）上衣搭配短裙

碎花衬衫，搭配上墨绿色百褶短裙，混搭白色运动鞋或者浅蓝板鞋，穿出另一种学生味，具有独特的魅力。

用白色衬衫搭配牛仔短裙，清纯靓丽充满校园风，皮肤细嫩的女生穿上更具女神范。

蓬蓬袖的红色或其他暖色衬衫，搭配黑色的半身裙，则有一种温婉的风采。

（4）各种款式的连衣裙

连衣裙无疑是青春校园时光中最受欢迎的服饰之一，因为简约时尚，几乎不用考虑搭配。各种各样的连衣裙，只要不是过于暴露的款式，几乎都可以穿出清丽可爱的感觉。衬衫式连衣裙，设计上没有太多复杂和花哨，简单一体式的风格，既有清纯干净的味道，又能展示出腿部修长

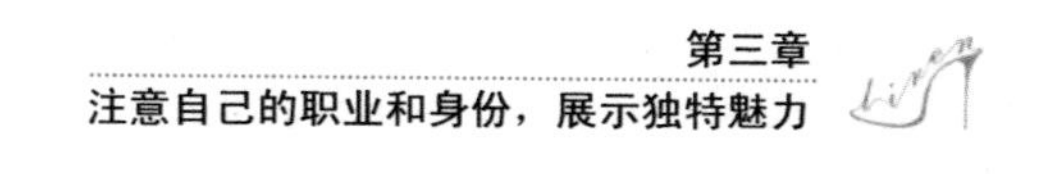

的线条，一双运动鞋，将完美地进行混搭，气场也很强大。

欧根纱钩花连衣裙，颜色上的清新甜美加上高腰的设计，再穿上一双灰色休闲鞋，让各种潮流尽显。

红色的连衣裙充满活力、激情，带有一丝丝的性感，文艺路线的必备品，尽显浪漫校园风。

白底圆花连衣裙是小女孩梦想中的乖乖裙，看起来非常清爽，也是非常适合女学生的。

经典蓝的牛仔连衣裙，是最能体现青春不羁又有个性的学生装，加上运动板鞋，更适合学生的身份。

第四章

了解自己的体型，搭配得当展现完美身材

修饰身材，是服装最重要的功能之一。搭配得宜的服装能很好地掩盖体型缺陷，扬长避短，塑造优美身材。故而穿衣搭配时要关注自己的体型，选择最适宜自己的服装，精心搭配，从而展示完美的自己。

1. 别自卑，绝对完美的身材很少见

女性在穿衣搭配时，总有一种苛求完美的心态，总觉得自己这里不够好，那里也不够完美，总幻想自己拥有“魔鬼身材”，是天生的“衣服架子”，不管什么衣服穿在自己身上都美丽无双。要是胖了一点、矮了一点或是瘦了一点、高了一点，就开始自卑，嫌弃起自己来，于是每天幻想自己拥有像超模一样完美的身材，不管什么衣服只要穿上就好看。其实世界上哪有那么多人有着完美的身材呢？

那么，女性什么样的身材算得上是完美身材呢？在这方面，有关专家、学者进行了大量的研究，总结出了女性完美身材的基本比例关系和要求。

* *

理想身材的完美比例

（1）上、下身比例：以肚脐为界，上下身比例应为5∶8，符合“黄金分割”定律。

（2）胸围：由腋下沿胸部的上方最丰满处测量胸围，应为身高的一半。

（3）腰围：在正常情况下，量腰的最细部位。腰围较胸围小20厘米。

（4）髋围：在体前耻骨平行于臀部最大部位。髋围较胸围大4厘米。

（5）大腿围：在大腿的最上部位，臀折线下。大腿围较腰围小10厘米。

（6）小腿围：在小腿最丰满处。小腿围较大腿围小20厘米。

（7）足颈围：在足颈的最细部位。足颈围较小腿围小10

厘米。

（8）上臂围：在肩关节与肘关节之间的中部。上臂围等于大腿围的一半。

（9）颈围：在颈的中部最细处。颈围与小腿围相等。

（10）肩宽：两肩峰之间的距离。肩宽等于胸围的一半减4厘米。

从上面这个标准可以看出，所谓完美的身材，最主要的是骨骼匀称、比例恰当、肌肉适度、肤色健康。但是，精确到厘米的标准，显然过于苛刻。毕竟每个人的高矮胖瘦不同，怎么可能大家都一样，像从一个模子铸出来的呢？真正具有完美身材、与这个标准一模一样的人又有几个？也许屈指可数，每一个人因为遗传因素的不同、后天营养状况的不一样及生活习惯的影响，会有不同的身材和样貌。

一般认为，只要身体比例匀称、适度，这样的身材就是美的。如站立时头颈、躯干和脚最好是处于同一垂直线上，两肩之间的距离约小于胸围的一半，头、躯干、四肢的比例及头、颈、胸的连接适度；肌肉美在于富有弹性和均匀协调，也就是我们常说的“该胖的地方胖、该瘦的地方瘦”，肌肉结实紧致，匀称有力。过胖过瘦或肩、臀、胸部的细小无力，以及由于某种原因造成的身体某部分肌肉的过于瘦弱或过于发达，都不能称为肌肉美；肤色美在于细腻、光滑、色美、有光泽，看上去呈浅玫瑰色的为最佳。

女性还需要“三围”的比例适当，也就是胸部、腰部、臀部的比例匀称。如果在身体的中心画一条直线，可以分别以胸部和臀部为顶点造出两个三角形。如果中心线两侧的三角形的前后和上下的比例都均等，且有交叉点正好位于腰部则可称为理想的体形。乳峰应位于从头顶起往下2个头部长度的位置，即肩头与肘部之间的正中央的地方。腰部应位于手臂微微弯曲时肘部附近的位置。臀部的理想位置时身高的整二分之一的高度。这样的体型一定是美的。

但在实际生活中，绝大多数女性的身材都不能处处与完美标准契合，这里或者那里总是会有一些小缺陷。比如，有的人上身比例完美，但臀部稍宽，腿稍粗；有的身材过瘦胸太小；有的人腰粗，有的人颈短；有的人肤黑，有的人腿短；有的人太高，有的人太矮……都非常正常。所以，理智的女性不会拿完美的标准来要求自己，那只会让自己自卑到底，完全失去穿衣打扮的兴致。要相信，自己有自己的美，他人也有他人的不足，学会穿衣搭配，就能放大自己的美，弥补自己身材的不足，让自己越来越趋于完美。

2. 体型不同搭配有异，了解自己的体型特点

完美的身材少之又少，可是每一位女性都想要以最美的姿态出现在人们面前，怎么办？当然是通过服装的穿搭来展现出最好的自己。不过要穿搭正确，首先要知道自己是什么样的体型，根据不同的体型来搭配不同款式的服装，让自己时刻美美的。

每一个人的身材都是独一无二的，但是基本可以分为几种：沙漏型身材、梨形身材、倒三角型身材、平板型身材、苹果型身材、娇小型身材和特殊型身材等。

（1）沙漏型身材

“沙漏型”身材又称X型、葫芦型身材，是很匀称很受欢迎的体型。尤其对女性来说，这是经典的、理想的、标准的体型。其特点是肩胯同宽，腰肢比较细，身体各部分的长短、粗细合乎比例，是易给人以协调和谐美感的体型。这样的体型曲线优美，无论穿哪种款、色的服饰都恰到好处。即使穿上最时新、最大胆的时装色彩也能显得不出格，世界上那些高级时装设计师就是以他们为假想对象来进行设计的。个子不高的话，最好还是突出腰部，整体比例会拉长。如果腿部略粗，可以选择高腰过膝裙子，比如复古的蓬蓬裙之类的，瘦腿和直筒牛仔裤及高腰牛仔裤都可以尝试，如果腿不够长必须选择高跟鞋。但是尽量不要选择直筒阔腿，要版型非常好才可以，否则会显得古板。

（2）梨形身材

“梨形”身材，顾名思义就是身材像梨的形状，也叫“A”型身材。这类身材的特征大多是上半身瘦，下半身大，臀部比肩膀宽，臀部圆润，腰肢纤细。有的腹部突出，臀部过于丰满，大腿粗壮，下身重量相对集中，整体上下部显得沉重。这样身材的女性最主要就是“放大上半身，缩小下半身”，突出自己的优点：窄肩膀、瘦躯干和纤细的腰肢。搭配衣服时要加强腰部和腕部的装饰，加宽肩部轮廓，穿能减少臀部体积的下装，平衡整体视觉效果。大多数亚洲女性有着典型的梨形身材，可以选择像A字裙、迷笛裙、背带裤等弱化臀部线条的单品，露出纤细的手臂和尖尖的下巴，这样就能看起来非常纤瘦轻盈了。A字裙修饰下半身线条，长外套比短外套更能遮盖臀部，而亮眼上装也能达到转移焦点的目的。如果想选择裤子的话，尽量选简洁收腿的裤型，臀部跟大腿有些胖的话可以搭配长款开衫风衣等进行弱化。上衣要视胸部大小来选择，胸部较小，可以用较暗、单一色调的短裙，配以色彩明亮、鲜艳的有膨胀感的上衣（如浅粉色上衣），就能达到收缩臀部而扩大胸部的视错效果，领线处可挂大饰物以转移视线，就会显得体型优美丰满。

（3）倒三角型身材

倒三角形身材也叫“V”型身材，身体呈一个“倒三角”，特点是肩背宽阔、胸部丰满、腰肢纤细、臀部较小。对于男子来说，这是最标准、最健美的体型。这种倒三角的着装，可轻易地显示男士的潇洒、健美风度。然而，”V”型体型对于女性来说，并不是一种优美的体型。虽然这是一种女性感特别强的体型，但肩部宽、胸部大、过于丰满，会使女性显得矮，与臀部及大腿的小而纤细形成鲜明对照，上身有一种沉重感。所以大多数这种体型的女性都不太满意自己的形象，总希望通过着装来改变现状，使自己显得高一些，轻盈一些。为此，选择服饰时，上衣最好用暗灰色调或冷色调，使上身在视觉上显得小些，也可以利用饰物色彩强调来表现腰、臀和腿，避免别人的注意力集中到上部。上衣不宜选择艳色、暖色或亮色，也不宜选择胸部有绣花、贴袋之类的色彩装饰。

这种身材如果衣服搭配好了特别容易有时尚感。如果穿裤子，高腰裤、收腿小脚裤、喇叭裤、短裤都合适，花色遵循“上繁下简，上简下繁”这一个原则就可以了。上衣的选择尽量避免过于修身的衣服，可以选择现在流行的轮廓型或者略微宽松型。选择裙子最好不要一片式连衣裙，要选择分体式的裙装，裙子可以是铅笔裙或者A字裙。

（4）平板型身材

平板型身材也被称作“H”型、矩型身材。这种身材的特征是上下一般粗，腰身线条起伏不明显，整体上缺少“三围”的曲线变化。着装可以通过颈围、臀部和下摆线上的色彩细节来转移对腰线的注意。同时，也可采用色彩对比较强的直向条纹的连衣裙，再加一根深色宽皮带，由对比强烈的直向线条造成的视觉差与深色的宽皮带造成的凝聚感，能消除没有腰身的感觉，从而给人以洒脱轻盈之感。在“H”型体型的人中，肥胖型的人胸围、腰围、臀围等横向宽度都较大，因而服饰长度也必须相应地增加。全身细长的服饰色彩能改变肥胖笨拙的视觉体态，给人以丰满、成熟、洒脱的印象。尤其不宜在腰线处使用跳跃、强烈的色彩，以减少对腰部的注意。

（5）苹果型身材

苹果型身材也称“0”型身材，它的特点是下肢纤细修长、腰腹却突出的浑圆，类似于中年男性的体型。腰腹部过胖，状似苹果，细胳膊细腿大肚子，又称腹部型肥胖、向心型肥胖、男性型肥胖、内脏型肥胖。苹果体型的优点是有苗条的臀部和腿，因此，穿搭重点要注意上半身尽量选择简洁的服饰，弱化视觉效果，或者利用长项链、围巾等配饰转移焦点。上半身尽量选择V领的衣服，整体上会拉长视觉比例，让上半身看起来比较纤细，既不能穿太收腰的衣服也不能完全就放弃修饰腰部，选择一片式连衣裙非常好，拉长比例分散掉腰部的注意力，切记颜色不要过多尽量选择纯色或者一种花色的连衣裙。还有束腰或宽松的直筒连衣裙、皱褶上衣和低腰连衣裙，都能很好地隐藏小肚子。选择裤子可以最大限度拉长腿部的线条，比如用一件罩衫配衬窄脚九分裤。小脚裤搭配尖头高跟鞋、靴裤搭配过膝靴，还有直筒阔腿裤都是比较时尚有气场的搭配。

（6）娇小型身材

身高在158公分以下的属于娇小型身材，无论属于何种体型，由于受到身高限制，服装可变化的范围比高大体型的人都要小得多。娇小型的人不要以为穿上很高的高跟鞋或梳高耸的发型，就能使身材显得瘦高，其实作用并不大。最佳的着装搭配是整洁、简明、直线条的设计。垂直线条的褶裙、直统长裤、从头到脚穿同色系列或素色的衣服、合身的夹克都会使得娇小型的人显得轻松自然。大型印花布料、厚布料、太多的色彩、松垮垮的衣服、大荷叶边、紧身裤等，在选择服装时都应避免。要尽量少穿或不穿色彩过重或纯黑色的服饰，免得在视觉上造成缩小的感觉。不要穿那些鲜艳大花图案和宽格条的服饰，应该挑选素色和长条纹服饰。在色彩搭配上要以温和的颜色为佳，极度深色与极度浅色都不太好，而且上下装最好在同一色系，反差太大，对比强烈都达不到好的效果。此外，个子较矮的人若配上亮度大的鞋、帽，反而显得更矮。这是因为“两头扩大”“中间”收缩的缘故。如果身着灰色服饰，配上一顶亮度大的帽子，则可显得高一些。

（7）特殊型身材

一是苗条型身材。身材苗条、胸部中等或较小、臀部瘦削扁平，没有腹部及大腿旁的赘肉。这种体型比较容易穿衣，但要避免穿紧身衣裤或低腰长裤。适合穿打褶的裙子、宽松的西服、宽松打褶的长裤。

二是肥胖型体型。这种体型不宜穿色彩太艳丽或大花纹、横纹等服饰，这样会导致体型横宽错视方面的问题。适宜穿深色、冷色小花纹，直线纹服饰以显清瘦。色彩上忌上身色深下身色浅，这样会增强人体不稳定感。款式上切忌繁复，要力求简洁明了。过厚面料还会使人显得更胖，而过薄布料也易暴露出肥胖的体型。

三是高大型身材。主要指既高大又健壮的的体型。这种体型不宜穿着颜色浅且鲜艳的服饰，而且最好免去大花格布，代之以小花隐纹面料，避免造成扩张感。

四是腰部突出型。俗称“水桶腰”，这种体型主要特点是小腹突出，腰部粗。应尽量选择无腰线设计的裙装，如娃娃裙、直线条裙及茧形裙都能很好地遮盖腰部的赘肉。如果选择分身搭配，则可在上身穿着A字形剪裁的上衣，或者选择泡泡袖上衣，并搭配深色宽腰带。上衣尽量避免大印花，纯色和小碎花较有视觉收缩的效果。

穿衣搭配没有固定公式，适合自己的才是最美的。每个人从肤色、身材、气质乃至性格上都有所不同，了解自己的身材特点，找到自己的定位，就容易掌握适合自己的穿衣搭配技巧。

3. “沙漏型”身材，经典匀称体型的任意搭配

拥有沙漏型身材的女性是幸运的。她们胸部、臀部丰满圆滑，腰部纤细，曲线玲珑，十分性感。总的来说，这种体型也是穿什么衣服都好看的，所以在搭配上不用花多少心机，只要是自己喜欢的，基本上可以任意搭配。但即便如此，有些地方也还是要注意的，搭配不得当，会减损许多魅力。

（1）上衣

沙漏型身材适合V领上衣和瓢领口衬衫，这些款式能让胸部和脖子显得纤瘦，从而让整个身形在视觉上显得更加纤细。颜色上，浅底色与深色图案的上衣能让腰部的线条更为柔美。另外，可以选择一件长度在腰部以上的短罩衫，这样能让身材优势更为明显。选择外套时，要尽量避免过紧或者太过宽大的上衣，不然上半身会显得肥大一些。不过可以为宽松的上衣系一条腰带，这样也能让身材显得很棒。

（2）裙装

沙漏型身材在比例上已经很好看了，所以可以选择张开下摆的裙装样式，让玲珑的身体曲线完美地展现出来。面料轻盈柔软的斜裁礼服同样能够达到完美的效果。因为有很好的腰部曲线，不妨系一条束带短裙，会更有魅力。喜欢松垮风格的衣服，也不妨系上一条窄腰带，显出好看的腰线。还有A字裙、包臀裙、铅笔裙等，也非常适合沙漏型身材，总之把曲线露出来就对了。

（3）裤装

裤装可以考虑靴型、阔腿、低腰的牛仔裤或者西裤、喇叭裤，裤腰前边要扁平一些，让裤子的剪裁尽量贴合身体轮廓，把沙漏型身材苗条的身形展示出来。裤子的腰围记得要尽量合适，这样才能突出腰部曲线。不过锥形裤腿并不适合，可以选一些样式简单、面料平滑的直筒裤。

沙漏型身材已经算是很好看的一种体型了，所以在挑选衣服时要尽量挑选那些能突出身材优势的款型，不要把优势隐藏起来。如穿低领、紧腰身窄裙或八字裙，质料以柔软贴身为佳，这是十分性感、丰满而女性化的穿着。在大小上，要尽量挑那些符合自己身材的剪裁，不然会在视觉上显得略微丰腴肥大。另外，单色的衣服、配饰和腰带也能给身材带来很好的修饰效果。总之，让身材曲线的比例尽量平衡一些，会让沙漏型身材显得更加柔美优雅。

4. “梨形”身材的搭配诀窍

梨形身材的女性肩窄、腰细、臀宽、大腿丰满。脂肪主要沉积在臀部及大腿，上半身不胖下半身胖，状似梨形。这也是亚洲女性的典型身材。

梨形身材都是上半身纤瘦、下半身较胖，所以穿衣搭配主要还是要以遮盖缺陷为主要攻破点，重点是要突出或加大上半身轮廓，修饰下半身体型。搭配诀窍主要就是款式上高腰优于低腰、上衣合身优于宽松、一字领优于小圆领、上身松优于下身紧。在颜色方面，鲜亮的颜色在视觉上具膨胀效果，所以上半身可选择暖色系、鲜艳印花元素上衣；下半身则要以暗色、纯色为主，过多的修饰会使注意力转移至较肥大的下半身。

（1）款式选择

上装选择有垫肩的款式，可以修饰窄肩，挺括的箱形，直筒廓型，可以瞬间将视线转移至上身并修饰大屁股；下装选阔腿裤、喇叭裤与A字形半身裙。蓬松上装和紧致下装，可以均匀廓型，比如用蓬松上装搭配紧致的铅笔裤、印花图案上衣搭配包腿裤，将视线转移到身体上部，臀胯在对比下自然弱化；长款风衣加直筒连衣裙，宽松风衣搭配铅笔半裙，修饰宽臀；垫肩雪纺开衫、娃娃领上衣搭配印花短裙，转移重心，修饰上身。颜色上浅下深搭配，从色彩上弱化梨形身材的不足。

（2）搭配方式

梨形身材万能穿搭首推蓬蓬裙，没有什么比短款的蓬蓬裙更能藏起大腿了。不过蓬蓬裙也会使下半身更加膨胀，所以最好选择收腰设计的连衣裙款，或者搭配修身的上衣，以达到平衡。再露出小腿来，既显瘦又清爽！

小黑裙也是梨形身材女性的好搭档。款式选A字裙型最合适。A字裙不管是短裙，还是长裙，都可以修饰梨形身材。如果腿不粗，则选短裙，小腿也粗的话，可以尝试A字长裙，最遮肉也是最好看的选择。如果你对自己的肩部颈部线条非常自信，还可选吊带装露出肩颈部，可以让身材比例显得更修长。

直筒裙也是修饰梨形身材不足的搭配，牛仔衬衫搭配一条黑色的半身直筒裙，完美隐藏了梨形身材下半身肥胖的问题，穿上单靴，女人味十足。不过如果肩膀比较宽、上围也比较丰满的话，就不要选直筒裙而应当选伞裙。伞裙是最适合梨形身材的，高腰的款式对于显瘦也是非常适合，上衣选择修身款式，使整个气质更优雅。

长款的风衣和大衣也是梨形身材的救星。梨形身材就是要该遮的地方遮住，该露出的地方露出，所以臀部尽可能的用长款大衣、风衣、长T恤衫、长卫衣遮住会更显瘦。过膝长靴的搭配，会拉高膝盖，让小腿看起来更长更细，使身材比例更完美，而且大衣和毛衣、裤子、靴子、帽子的混搭，裤子最好选紧身裤，这样可以打造出非常时髦的造型。宽松的长T恤衫，V领上让锁骨秀出来，搭配一条显瘦的百褶半身裙和复古单鞋，梨形身材也能穿得超好看。

哈伦裤对于梨形身材的女性来说，也是不错的选择。因为梨形身材大多是臀部比较明显、大腿显粗，所以，哈伦裤这种款式的裤子，非常适合梨形身材。高腰款式更能显出腰细的优势。短毛衣或皮短外套配哈伦裤，都很美。

当然，每个人有每个人的喜好，也有各自不同的气质和肤色，搭配的方式也是多种多样的，绝非只有这些。关键是了解自己的身材，并尽可能地通过搭配使身材更完美。

5. “平板型”身材怎样穿出性感

平板型身材是指“H”型身材。“H”型身材单从字母形态上就不难看出具有“上下一样粗”的特点，是典型的直筒型身材，或许整体看来并不算胖，但因为腰线不明显，胸部不突出，使上半身缺乏曲线变化，因而缺少了性感的女人味。不过，只要搭配得当，照样可以塑出性感迷人的曲线，弥补身材的不足，让你美得惊人。下面这几个小妙招就能让平板型身材也拥有性感曲线。

（1）吊带装

平板型身材的女性大都很瘦，有着纤细的四肢和腰身，吊带装正是平板型身材的良伴。因为吊带装不仅百搭，露出肩颈还可以巧妙地将注意力引到性感的锁骨和肩部上来，同时还能用下装或是外套的线条增强轮廓感，打造出玲珑有致的性感身材。所以平胸的女性一定要有几件质地优良的吊带装，它既是时尚单品，不落伍，又是性感神器，简单的裁剪就足以穿出完美曲线，最适合胸小的平板型身材。

比如清爽露肩吊带，微露香肩锁骨性感得恰到好处，原本平板的上围也变得曲线玲珑起来。带层叠荷叶边的吊带小衫更是错落有致，随风摇曳，让纤瘦苗条的女性自在地游走在性感与优雅之间。也可以在吊带背心或者吊带裙外面套上蕾丝的罩衫，若隐若现之间暴露出来的小性感更迷人。

还可以用沙滩抹胸长裙搭配单鞋散发性感气息，很显身材。沙滩抹胸长裙选用雪纺的面料，带出飘逸舒适感，抹胸设计，更添性感。也可以用印花吊带抹胸连衣裙搭配高跟鞋。

（2）一字肩设计

一字肩的设计可以横向延展，让脸部看起来更加精致，也能使平板身材女性瘦弱却秀丽无比的双肩和颈部露出来，一种自然而然的性感气质呼之欲出，因而平板身材更加适合一字领。短款的设计还能露出小肚脐，既显出纤弱的腰线，又有小小的性感，非常显腿长。

（3）宽松T恤衫

宽松T恤衫有时也被称为男友的T恤衫，看起来像是女生穿了男朋友的衣服一样。不要认为只有贴身的衣服才可以性感，女生穿这种宽松的T恤衫也可以展现出独特的魅力。黑色宽松T恤衫，露出了纤细高挑的长腿，黑色蕾丝透出若隐若现的性感。同样的道理，宽大的白衬衫也能穿出这样的效果。特别是非常宽松的大大的白衬衫，可以穿出别样的性感。

（4）有设计感的上衣

荷叶边、蕾丝花纹装饰和特别的领口设计的上装，都适合平板身材的人。V领、深V领的设计，能使平板的胸部变得轻盈性感。低胸装也有同样的效果。还可以选择左右衣襟交叠式系带上装或斜叠式上装。或者选择有宽肩带的上装，扩展你的肩膀，同时为了保持平衡，要搭配线条修长优美的裤子或圆摆裙。上下身如果搭配同色可以拉长你的身形。

（5）合体的半身裙

选择A字裙，它可以制造出臀部丰满的假象。一定要挑用质地略微厚一些的材料制成的“A”字裙，如厚棉布裙，这样可以为下身增加一定的体积。连衣裙的腰部要有腰带，选择塑身式或紧身胸衣设计的连衣裙，收出腰部曲线，然后像花朵一样散开至膝盖。除此之处，还可以尝试鸡心领。

不要穿超级宽松的布袋式上装，它会让腰部看上去更粗。不要选择质地轻薄或有弹性的布料，它会裹住上半身，让身材一览无余。双排扣运动上衣或双排扣斜纹粗呢大衣，烟管裤、紧身牛仔裤或绑腿裤，粗跟鞋、松糕鞋，铅笔式筒裙，这些都不适合平板型身材的女性。也不要选择搭在腰间的方包，它会让腰部看起来更宽。在腰的位置系一条腰带，可以塑造更多的曲线。

6. 身材小巧要扬长避短

相对而言，身形娇小的女性对于服装的选择范围比身材高挑的女性要小很多。但是娇小型的女性只要身材比例适当，同样有玲珑的曲线，美丽的身姿。只要了解自己的优势与劣势，学会扬长避短，挑选合适的服装，娇小的女性同样会穿出明星的风范，而且更多了小鸟依人般的温婉和可爱。

因为身形不高，腿不够长，所以小个子的女性穿衣搭配上需要学会将视觉焦点从身材上转移开来，尽量往上部移。腰线稍高的款式可以拉长身材的比例，如高腰半裙、高腰裤、腰线提高的连衣裙，都能拉长身材比例，显高。也可以将衬衣、T恤衫、毛衣、吊带等上衣的下摆统统塞进裤子里面，让人看起来显得更高一些。最好不要穿中长的裤子，那样在视觉上会把本身就不长的双腿分成两截，自然显矮了。

若穿衣裙套装，上衣或外套的长度最好在臀部最宽处三厘米以上，或刚刚长及腰部，这样会使人看起来较高。如以长及小腿肚的条纹筒裙搭配宽宽的皮带，可使娇小的体型显得修长。短西装外套与短百褶裙的组合，在白色高领T恤衫及深蓝色或黑色休闲鞋的搭配下，尽显休闲的风味，适合上班或上学的女性；连衣短裙与小外套的组合，配合白色衬衣，则可作为正式场合的穿着。方领、V领让颈部看起来更长，露出脖子会显得更高，低胸的衣服也可达到这一效果。无袖上衣会更显高、显瘦，适合小巧型的女性。不管是短裙、短裤还是连衣裙，长度都以大腿中部为佳，因为这个位置既能避免走光，又能让双腿显得十分修长，当然，还很性感。裙子上千万别选摆饰有印花或绣花的，以免穿上后显得又矮又胖。

短外套也是小个子女性在视觉上提升身高的神器。短款小外套搭配高腰裤或者短裙、高腰连衣裙，再配上过膝袜和高跟鞋，或者短款T恤衫搭配高腰背带裤，从设计上提高腰线，视觉上更高挑，也更显玲珑曲线。

小个子女性穿长裤更显高。合体的七分裤、八分裤、九分裤都能让小个子的腿型变得修长，紧贴身型的长裤也能令腿部看起来完美修长。而白色的长裤更能让身材显高。不过对于个子小巧的女性来说，阔腿裤要慎选，因为一般的阔腿裤都有膨胀感，会使小个子女性看起来又矮又胖。但只要选择得当，也能穿出阔腿裤的美。

可以选择高腰阔腿裤，这样能使娇小者腿部看起来更修长。上半身应搭配较短的衣服，外套上的大纽扣，也可强调视线，使体型整体看起来更修长。七分阔腿裤也可以，对于矮个子女生来说，七分的长度不仅清凉，更加显高。在穿阔腿裤时，可以搭配与阔腿裤同色或同色系的上衣，因为统一的色系能够拉长身体线条，更加显高。上衣也应选没有多余装饰的版型，简单大方又时尚，还很显瘦。

小个子女性不太适合硬挺的面料，应尽量选择柔软贴身的质地，穿起来有种身材颀长的感觉。衣料的图案花纹宜小而碎，图案设计尽量摆在上半身。大胆抢眼的图案绝对不适合娇小的女性。竖条纹有助于拉长身型，小个子应尽量避免横宽纹。直条、单襟、直褶都适合矮个子。而捆边、脚花、缩脚裤、带子缚上足踝的鞋子都应避免，横线条更应杜绝。

在色彩上，穿搭时尽量全身保持一致。整体色彩一致或属于同色系的话，能给人和谐的视觉美感，也能让身材更显纤长。上下身不同颜色的衣服也可以穿，但要注意身材比例，最好上浅下深，把别人的注意力引向头部或肩部。同色的鞋和袜，或式样简单、狭长的裤子可使腿部看起来修长，以增加身体高度感。如鞋子与裤装或裙装的色彩协调或一致，这样能在视觉上延长腿部线条，更加显高。选择高跟鞋当然是小个子女性最简单的增高神器。尖头鞋既潮流又能拉长腿部线条，让双腿更显纤长，高跟鞋和厚底鞋的增高功能也非同一般，不过也要搭配得当。高跟鞋的式样宜斯文大方，装饰过多或大粗跟的最好不选，丝袜不宜过花过浅。以下搭配技巧小个子女性可以参考。

（1）娇小苗条型

适合穿淡色，小型的花纹以及材质较为柔软的衣服，反之会使自己显得更加瘦小。像是蕾丝边、荷叶边、泡泡袖和褶皱等设计的上衣，或者带有碎褶的裙子，都能使得身材看上去丰满一些。宜选素色、无花纹的服装，如果一定想穿花纹的衣服，大格子的花纹最好不选，而应选择小方格的花纹，因为大格子花纹会显得人更瘦。配饰方面，比如帽子、包包和各种饰品，要尽量选择娇小可爱的类型。

（2）小巧丰满型

明朗阳光的运动衫和密致花格图案的洋装都是不错的选择，裙子也尽量选择有修身效果的短裙。尽量不穿蓬蓬裙和长裙，因为会使身材显得更加丰满。不要选太厚的料子和大块的图案，也要避免容易把人们的注意力吸引到你的腰或臀部的款式。整体的穿衣搭配技巧是，一件裁剪贴身的单品搭配一件略显宽松的单品，上下身可以根据自己的情况随意调换，从而衬托出身体的平衡。尽量选择清爽活力风格。配饰方面，打结围巾和领口胸针都是不错的选择。

一些日常穿衣打扮的要点，也是小个子女性要注意的。

不要把头发全部扎起来，剪个蓬松的发型会看上去高一些；不要穿横宽条的，或者使你看上去“一截两段”的衣服。应该选择竖窄条、色彩反差不大的搭配；尽量不要穿卷边的裤子，除非袜子、皮鞋与裤子颜色和款式都十分相配；戴帽子时，注意帽子的边缘不应宽于肩膀，大小要与脸和身材成比例。如穿宽松的衬衣或夹克时，下身宜穿短裙或窄窄的裤子；不要穿上下颜色反差很大的衣服，例如：白衬衣，黑裙子，这会给人一种“两段”的感觉；要特别注意比例匀称，剪裁合体，尤其是袖子和肩膀处。

7. 谁说胖就只能穿大号运动装

在这个以苗条为美的时代，过于丰满的女性常常为自己的身材苦恼，似乎穿什么样的衣服都不好看。所以，很多较胖的女性要么穿宽大的休闲装，要么穿大号的运动装，不知不觉间已经远离了潮流和时尚。但越是这样穿，越体现不出自己的美，越让身材显胖的女性自卑和无奈。其实，丰满女性要变美不只是减肥瘦身一种方法，掌握一些着装技巧，巧用颜色和款式搭配，不仅会将赘肉藏起来，还会展现出丰满女性独特的迷人气质。

身材显胖的女性选择衣服时一定要合身，太松或太紧都不太适合。避免穿过于贴身的毛织服装，那些带静电而贴身的套裙或贴身衣服容易显现线条，身材显胖的女性应忌穿。最好的选择是有一定弹性、但并不会过度贴身，并且在剪裁上有收腰的上衣。面料选柔软而挺括的，忌太厚或太薄的料子，因厚料有扩张性，会使人显得更胖；太薄易显露体型。色彩以深色为佳，因深色有收缩感，会使人显得瘦削。上衣用浅色，下裙、裤子用深色。花型可以是小花纹或是不规则的条纹。

身材显胖的女性一般有脸庞大、颈粗短的特点，而穿窄小领口和领型的衣服会使脸型显得更大，应选择宽敞的开门式领型，V型领、U型领和圆领都可以，不要穿立领、高领和无领的上衣。可以穿旁边或侧边开叉的半截裙，垂直线条再加上令腿半隐半现的裙叉，能使双腿看起来更加修长。穿裙子不要太短或太长，长度应以下摆在膝盖附近为宜。裙子过短就会把大腿的丰满暴露出来。过长就会给人“矮而胖”的感觉。如果穿着分“上中下”三段来，自然就显得人增高了。这就是上身、裙和长筒袜用不同的颜色，看上去就会产生一种修长感觉的原因。穿鞋应选择线条简单，细跟或有尖头的鞋子。袜子的颜色要与鞋子相配合，加长腿部线条的感觉。

对于不同的肥胖部位也可以用不同的衣饰搭配来改善。

（1）手臂较粗就选蝙蝠袖

蝙蝠袖一直就是手臂较粗的女性的好朋友，能有效地遮住肉乎乎的胳臂。选择一款蝙蝠袖或者斗篷型的大衣，就会让手臂部分好看起来。夏天选择蝙蝠袖的裙装，雪纺或是丝绸的料子没有固定形状更飘逸灵动，对修饰手臂线条效果更好。一字领也是遮盖手臂的神器，特别是一字领下带有荷叶边或是半袖的款式，更能显瘦。可以用印花一字领上衣搭配直筒牛仔裤和一字带高跟鞋，会让人看起来轻盈许多。

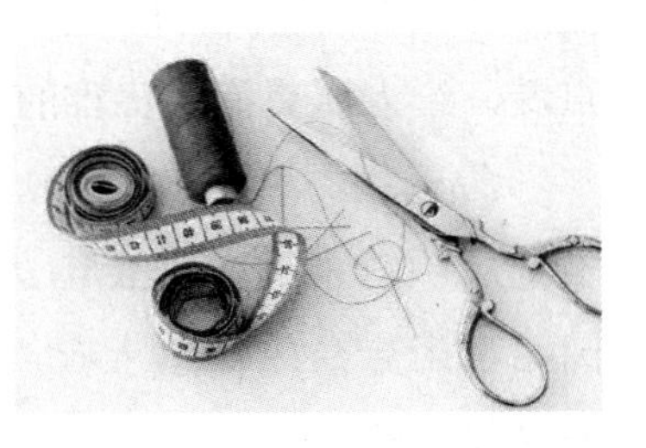

（2）腰腹部较胖就别穿紧身衣服

肚子真的是易胖女性的“重灾区”，有小肚子切忌紧身服装，一定要避开。喜欢穿衬衫的话，不要选择正装那样的修腰款，可以选择直筒款或下摆宽大的款式，这样可以遮住肚子。比如蓝色牛仔衬衫搭配拼色丝巾和直筒牛仔裤，再配一双浅高跟鞋，大气又优雅。娃娃装或是小蜂腰的上衣也是可以的。

（3）腿粗要选伞裙、阔腿裤

不管是大腿还是小腿不够完美，伞裙都是显瘦神器，宽大的裙摆衬托出更显瘦的腿部曲线，包臀铅笔裙就要慎重选择。用白衬衫搭配百褶伞裙和黑色高跟鞋，非常得体和优雅，也非常显瘦。

阔腿裤对于腿粗者来说是必不可少的，九分、七分都可以。不过如果是个子小巧的女性，则要选择高腰盖过脚面的款式，再加一双高跟鞋如此，更能显示出身材的比例。像白色毛衣配卡其色阔腿裤，舒服的颜色，很好看。

小腿粗的女性，并非只有宽大的裤子或是运动装才适合，搭配合身的鱼尾裙，照样娇媚动人。鱼尾裙散开的裙边能很好地遮盖小腿，勾勒出身体的曲线，裙摆随着走动摇曳身姿，女人味十足。

还有一些小技巧也是可以利用的，如可以选择有皱褶的裙子，以掩饰过粗的腰围。另外，白色的衣领也适合丰满的女性在正式场合穿着。非皱褶裙搭配暗色圆领外套能显示出纤细的感觉，白色衬衫亦是重要的点缀，给人清爽而又优雅的印象。

清一色的黑色连衣裙、袜裤、鞋子、手套、帽子、手袋的组合，加上金质项链来点缀，会让女性在神秘之中显现出迷人身段。飘逸的白色圆裙搭配合身的深色上衣，可以巧妙地衬托出腰部，也可以掩盖住丰腴的身材。格子服饰、长裤都能为体型丰满者带来意想不到的效果，窄小的衣领显出轻快感，带有格子图案的帽子亦能点缀出几分帅气。

合身的牛仔裤，不仅可掩饰身材的缺点，还能表现出一份年轻与自信。丰满的女性只要将深色的牛仔裤束起上衣，并用腰带点缀，就会变得纤细许多。

不过，身材显胖的女性也要注意避开穿衣的一些误区，要以自己的身材和气质来搭配衣服，尽可能地展现自己最美的一面，而不是道听途说地认为，自己只能穿大码的运动服装。下面这几个常见的误区要避开。

（1）肥大的服装可遮挡自己的缺点

这是一个天大的误区，千万别被这样的观点误导了。扬长避短是穿衣搭配的精髓，自己的优点要大胆地展现出来，而自己的缺点可以适当地遮掩一下。肥大外套没有紧身衣那样明显地暴露赘肉，但也不会因此而显瘦，反而给人体形庞大、无精打采的印象。所以肥大的服装并不能展现出女性的气质和风采。只有合身的衣饰才更能展示出自己的美。比如臀部稍微丰满一些，上衣可以稍长一点，尺寸不可太大，合身就好。

腰细的话可以加条漂亮的腰带，更显气质。

（2）黑色可显瘦就只选黑色

虽说黑色是收缩色，穿着能够显瘦。但总是一身黑，除了沉重之外，剩下的就只有笨重了。选用黑色要注重层次的分明，可以选用深浅不同的黑来做渐变，也可以在黑色当中添加其他颜色来适当点缀，如此一来，可使身体变得相对轻巧一些。浅色衣服也不一定就会显胖，通常来说，颜色太鲜艳和有很多大花的衣服是不可选的，但是纯色的细节很好的衣服很适合丰满女生穿，特别是上衣，不要选择太包身的衣服，这样会显胖，稍微宽松一点的比较适合。

（3）胖就不能穿裙子

有人说，裙子是苗条女生的专利，丰满的女生还是靠边站吧，于是很多身材显胖的女性一年四季只穿长裤。这可错了，身材显胖的女生也可穿连衣裙，只要选择好，不但不显胖，还能穿出不同风韵。因为裙子可以很好地遮盖臀部和大腿，可以搭配不同的长靴来掩盖小腿，A字裙、有垂感的筒裙和有下摆设计的裙子都很适合身材显胖女生。不过要注意的是，蛋糕裙、类似腰臀层次比较多的裙子不可选，这样的裙子会让女性显得更胖。现在很流行的小胯裙，配上黑丝袜及亮色船鞋，也可以尝试一下，但这样搭配就不能穿太长的上衣。如果小腿很胖，袜子和鞋不要穿得太让人注意。越大众化越好，颜色也不要太鲜艳了，以免增强人们对腿部和脚部的关注度，让人觉得你很胖。

8. V字领让你的脖子不再短

很多脖子短的人戏称自己为“短脖星人”，最担心穿错衣服后变成“缩头龟”，其实只要穿对，什么样的身材缺陷都不再是问题。V字领的上衣就是“短脖星人”的变美利器。高领、圆领、立领……各种对脖子有任何遮挡的款式，都送人吧。各种各样款式的V领衣服尽情地穿，让你的脖子不再短，让你的气质和颜值得到全方位提升。

（1）深V低胸款

深V低胸款是“短脖星人”最明智的选择。显露出更多的肌肤，拉长脖子的比例，给人一种脖子、前胸界线不分明的假象，完全不再觉得脖子短了。总之原则就是：能开多低开多低，能露多少露多少，只要不碍观瞻就行。

（2）V领T恤衫

基本款的简单V领T恤衫，配上牛仔裤，简单大气，谁还会在意你的脖子呢？一点儿微微显露心机的性感，足以俘获人心。不过胸部丰满的女性要注意选择，切不可过紧或过宽，合身最佳。

（3）V领衬衫

对于职场女性来说，V领的衬衫更实用。毕竟不可能穿着休闲T恤衫上班。在职场上，一件高品质的衬衫，搭配裤装裙装都可以产生不错的时尚效果，而V领的设计，以及挺括的剪裁和优良的质地，完美地遮掩了脖子短的不足，让你简约不简单，性感而不张扬，一切都刚刚好。

（4）V领连衣裙

连衣裙是爱美又有点懒惰的女性的最佳伙伴，不用再烦恼上装与下

装的搭配。V领设计的裙装既能掩饰脖子的不足，又能凸显复古优雅的气质，大胆的设计既有一种张扬性感的姿态，又能完美修饰颈部的线条，无论是出席宴会还是休闲场合，都能散发出优雅的小性感。

（5）V领连身裤

连身裤最初是来自于男装工作服的灵感，即使现在演变成女性化的风格，也保留着干练强悍的气质。V领的设计与连身裤结合，不仅不会给人太过凌厉严肃的感觉，反而能展现出柔美、淑女、小性感，带给人多重的魅力感受。比如，V领的连体裤修身利落，v领的设计自然延伸下来，深蓝色或是黑色都很显身材。

（6）V领与外套搭配

如果觉得V领过于暴露性感，职场上不太适合，可以搭配一件适合自己的小西装外套。职场衣着其实和出色的能力，坚毅的性格一样，帮你建立起令人信服的权威感。当小西装搭配上V领打底衫，散发出女性特有的圆润温和可以很好地中和西装带来的强硬感，更显优雅和高贵。

（7）V领露背装

这个搭配虽然与前面所说的原理不一样，但也不得不提一下这种设计带来的时尚魅力，无论是清爽飘逸的连衣裙，还是简约大气的T恤衫，V领露背的设计能展现出独特的时尚感，还能在街上引来大把回头率。不过要注意的是，这样的装扮千万别进办公室，办公室里不需要太多的性感。

（8）V领毛衣

冬天当然少不了V领的毛衣。大大的v领设计，拉长了颈部的线条比例，凸显出优雅美颈，显得清爽又文艺。无论是作为内搭还是搭配上一款厚实的毛呢大衣，都很显气质。不过大衣领子也要讲究，最好是翻领，领子轻薄一些，太厚了会挡脖子。而且大衣的肩要合适，如果太宽松活动过程中可能会形成垫肩的样子。天气不冷的时候一定要露出脖子，天气冷戴围巾的时候，尽量戴出V字的效果来，如果不能戴出V的效果，最好要宽松一点。

除了V领，大圆领、U形领、心形领、船型领也都适合短脖星人。船型领的领口比较大，但是不够深。稍微有点短的船型领还是很有效果的。如果穿衬衫一定不要扣得太严实，至少要解开两个扣子，让衣领宽而深，拉长脖颈。最好不要穿任何肩部装饰的衣服，比如垫肩、肩章、肩部褶皱等，因为肩部会变高，挡住脖子。

脖子短戴的项链一定要远离脖子，比如吊坠项链、长项链，不要款式过于复杂的，项圈很多的那种层层叠叠的项链是要摒弃的。耳环正相反，要戴短的不要戴长的。发型以短发、盘发、马尾这些露出脖子的发型为佳，而波波头、散发都不太合适，会遮住脖子。

9. 精心搭配，让胸部更完美

对于女性来说，完美的身材绝对少不了完美的胸部。但实际上真正完美的胸部也是少之又少。要么太大，要么太小，而且无论太过丰满还是太过平板，都是烦恼。大胸的女性希望收起来一些，藏起来一点，使胸部看起来更得当、更柔和，不要丰满得让人尴尬；而平胸的女性又总是希望自己的胸能更大一些，更丰满一点，使自己看起来更有女人味一点，不至于如“飞机场”一般。其实这并不太难，巧妙穿衣，精心搭配，就可以达到让胸高更完美的目的。

（1）胸部丰满的穿着要点

对于胸部丰满的女性来说，太宽松的衣服会显得又胖又邋遢，太紧的衣服则显得“性感”过了头，最好就是修身又合体的衣服。修身是指能够有效地突出身材的优势，隐藏劣势，合体是指贴合身体曲线剪裁的衣服，不要太宽也不要太紧，有点弹性最好，会很有曲线美。

胸部丰满的人，一定不要遮住脖子，以露出锁骨为最佳。V领或者衬衫领的衣服，能够减少胸部过大而导致的视觉冲击，露出颈部曲线才会有整体的拉伸效果。百搭的衬衫也是不错的选择，随意解开几颗纽扣会非常显瘦。上班时在里面穿个抹胸，更合适。但深V领要谨慎，一不小心就有“露肉”的危险。一字领也是一样，很适合胸部大的人，像白色一字领配上简洁利落的裤子或裙子，清爽又干练，完全忽略了胸大带来的视觉冲击。但要注意的是，上身较大面积裸露时，下身就尽量简洁严肃，否则大胸很容易沾上浓重的风尘味。

常见的U型领和大圆领也是丰满女性的必备品。高领和小圆领不要轻易尝试，最显胸的就是这两种款式。如果你非要穿小圆领的，就选无袖或是短袖的。其实不要担心手臂上的那点“拜拜肉”，只要你穿着合身的衣服，大家不会光盯着你的“拜拜肉”看。所以不要忌讳无袖的衣服。

虽然强调要露出锁骨、露出脖子、露出胳膊，但值得注意的是，吊带类的衣服并不适合胸部丰满的女性，比如吊带背心、吊带裙之类，都会显得粗壮又肉感，胸大的女性要自动避开这样的款式。

西装之类的小外套对降低胸大带来的视觉冲击非常管用，不过要记得选择简洁款、修身型的小外套，过多修饰只会适得其反。就算里面穿了显胸的背心，外面穿件小西装也可以起很好的掩饰作用，正式场合也是适合的。夏天裙装外面搭牛仔小外套、轻薄点的小夹克，也会有同样的效果。裙子可选择较束腰型的，A字裙是不错的选择。

戴一条项链来拉长上身的视觉线条，也是值得胸部丰满的女性学习的小技巧。细长项链是最好的选择，就算要选短款，也要注意长度不要过短，形状最好和脖子胸部形成一条直线。

也要避免过于抢眼的胸饰和过长的项链。但胸前所有的荷叶边花边蕾丝边褶皱等各种设计都千万不能要。

要穿出时尚感、柔和感，款式很重要，面料也同样重要。为什么小西装小夹克这类外套适合丰满胸部的人，就是因为面料挺括。但棒球衫、卫衣、棉质T恤衫这种料子比较软而塌的衣服就很不合适。具有膨胀感的衣物也不要选，例如马海毛衣服。雪纺衫也是禁区，尤其是比较透的雪纺，请不要轻易尝试。

（2）胸小的搭配技巧

与大胸的女性刚好相反，小胸的女性最想要的是穿出性感和妩媚的女人味来。低胸装无疑是最好的选择。因为它可以若隐若现的展露自己的迷人胸部曲线。平胸的女生，穿这样的V领服饰，会让自己的胸部看起来更大更丰满。平胸的女性穿着低胸装无疑能瞬间提升性感指数，让平胸的女性看起来也性感很多。V字领的上衣或是稍稍小低胸的裙装，都可以达到这样的效果。深V吊带连衣裙，穿出成熟女性的性感和典雅，美得恰到好处。选择较宽版的连身长裙，里面搭配衬衫或针织衫也可加强胸部丰满的视觉效果。

胸前有口袋或特别花样的上衣，可增加发散的效果；胸前有抓褶或绑带的设计会让胸部看起来比较大；选择有纹路的布料或横线条上衣，会让上围看起来丰腴些；有垫肩设计的外套，会使胸部看起来比较挺；两件式和多层次的穿法可造成视觉上的错觉，制造出丰满的效果；舒适而贴身的衣服会显露胸型，在外面搭配背心或小外套，会使胸部看起来比较有分量。

如果不喜欢低领露胸的风格，又不希望自己的胸部看起来扁平，那么穿胸前有褶皱的衣服，就能很好地修饰胸部曲线，蓬松的褶皱，会让胸围看起来要比平时大一个罩杯。如果胸部过小，也没关系，可以选择抹胸式设计的裙装，就像很多新娘礼服的设计那样，完全遮住真实胸部的大小，只有一个胸围的轮廓，整体看来胸部也还是不小的。

穿束身衣，不仅可以收腰，还能提胸，选一件适合自己的束身内衣，瞬间就能拥有蜂腰大胸的傲人身材。唯一需要注意的就是，这样的纤体束身衣，不能长时间穿着。

胸小的人还要注意不要穿太露、太紧的上衣，尽量不要单穿丝织品或针织衫，一定要穿的话可选择两件式搭配。

选对内衣对于胸小的女性来说更加重要。可以选一些有塑身功效的内衣，有海绵垫衬，有很好的修身效果。比如聚拢型的文胸，可以把多余的肉收拢，集中起来，起到视觉上增大胸部的作用，尤其是有副乳和胸部很散的女性，非常适合聚拢文胸，也可以起到防止胸部下垂的作用，让自己变得性感。加厚文胸是增大罩杯的好帮手，底端加厚的文胸，不仅能很好地贴合胸部，也可以让胸部出现乳沟，性感指数大增。胸部小的女性不建议选择无钢托的运动型或薄款文胸，那会让胸部看上去缩小很多，也没有聚拢和塑形的效果，一定要买带钢托的内衣，可以帮助塑造完美挺拔的胸部。托举型文胸也非常适合胸部小的女性，能起到支撑和托举胸部的作用，尤其是针对胸部比较下垂的女性很有效。出去游泳或者穿露肩服饰的时候，可以在常规的文胸内加一个硅胶文胸，会使得胸部变得玲珑有致，身材曲线更加优美。

10. 问题身材，巧妙穿搭

每个女人都会有一些体型上的小缺陷，而巧妙着装恰恰能掩饰这些缺陷，只要掌握不同体形的服装搭配技巧，我们便可以扬长避短，收到意想不到的效果。世界上没有完美的女人，只要学会扬长避短，每一个女性都能美艳无双。

（1）肩部缺陷

肩宽的人穿衣穿不好就容易变成“肥壮宽”，但穿得好就完全不会有这样的问题。所以肩宽不是问题，会扬长避短即使肩宽也可以纤瘦有气质！

溜肩，也就是俗话说的“美人肩”，肩膀不平，而是往下斜的。可以选择领口加长、加大的服饰，还可用垫肩、褶皱、泡泡袖等设计弥补溜肩的缺点。选择不对称的时装也是一种好方法，不但遮挡了缺陷，还走起了时尚路线。

肩膀太窄，会让女性整体上显得过于纤弱，缺少气场。可以选择一字领的服装，以增加肩部宽度，也可采用夸张的肩部修饰方法或用横条纹的面料修饰肩部的方法，起到遮掩的作用。

（2）腰部缺陷

腰部的线条对服装的穿着效果影响很大，纤细的腰身几乎是每一位女性关注的焦点。腰部的缺陷也是可以掩饰的。对腰粗甚至“水桶腰”的女性而言，宽松的A字型女装，是好的选择。这种款式能够加大腰胯的空间感，从而弱化腰部的曲线达到修饰掩盖的作用，展现优雅；而对于裤装方面，上衣的长度一定要截止到腰线的位置，与低腰牛仔裤之间产生间隔感就能显现腰部的轻盈感。还可用“视觉转移”法，如在连衣裙腰部两侧加上口袋的样式，把人们的视线转移到口袋上，从而忽视了腰粗的缺点。

对于腰长的女性来说，宽松的半截裙是首选，加宽腰带、提高腰线，也可增加上半身的变化而吸引人们的视线。

（3）臀部缺陷

臀部是女性审美的一个重要标准，甚至不亚于胸部，所以臀部有缺陷也是很多女性的烦恼。太胖、太平、太翘都影响整体的气质和颜值。不过变美也很容易，只要运用好臀部的不同线条，做合适的搭配，就会达到令人满意的效果。

比如臀部肥大，就不要挑选紧身裤，适宜选择较宽松的服装，长度要盖住臀部。特别是裙子，应先样式简单、少褶的。宽松的长T也能掩饰丰腴的臀部。在裤装方面，不宜穿有大口袋或口袋设计的裤子，而应选择简洁款式和深色有收紧效果的裤子。

臀部平坦的女性自然是要选择增强臀部平面感的女装，层叠的荷叶边、百褶裙、鲜亮颜色的泡泡裙或者雪纺短裙都能获得很好的效果，让臀部丰腴起来。也可以利用面料的褶皱在臀部形成的凸起而使臀部显得丰满，从而掩饰臀部的平坦。裤子方面则适合选择比较有质感的面料来塑造出体型，在臀部位置有口袋或者花纹，也能起到使臀部饱满的作用。

臀部外翘，色彩的搭配是关键，上身用浅色，下身用沉稳的深色，在视觉上可以遮蔽臀部外翘的缺陷。但是切记不要选用轻薄、垂感强的衣料，否则较易暴露体形缺陷。

（4）腿部缺陷

对于女人来说，拥有纤细的长腿简直就是拥有了全世界，身形娇小的女生还能穿高跟鞋来弥补先天不足，但是腿型不美的硬伤该如何治愈？没有一双筷子般纤瘦的细腿，却要穿着筷子腿的专属搭配，只会让你不完美的腿型无所遁形。只有认清自身的情况，根据不同的腿型，选择适合自己的单品，巧妙修饰自己的腿部线条，不管是过细腿、小短腿、大粗腿，都可以得到有效改善，拥有秀美的腿部线条。

短腿的女性可以选用短小上衣，提高腰线，裤子的颜色以浅色为主，裤腿要长，立档相应要短，且裤口不宜过大。当然，高跟鞋是必不可少的。

罗圈腿应选择长度过膝的裙子，有效地掩饰腿部的不足。百褶裙更好，对腿粗、腿短、腿型不正的遮盖效果都是很好的。尤其是金属感的百褶裙，有种未来科技感，百褶的大摆设计，完完全全可以掩盖腿部任何缺陷。

阔腿裤、喇叭裤和直筒裤，也是腿部曲线不够优美的女性的救星。阔腿裤时髦不说，宽宽松松的款式，足以“治愈”各种腿部问题。喇叭裤和直筒裤也是掩饰腿型的好手。特别是直筒裤没那么紧也没那么松，恰巧能掩盖腿型的不完美，还能把腿修饰得直一些。

秋冬季节中长款大衣外套最能遮挡腿部的不足，腿粗腿短都可以挡一挡，而且应季保暖还有型。秋冬款的长裙也有修正腿部的效果。

第五章

破解色彩谜语，找到最适合自己的“代言色”

每个人因为肤色、气质的不同，适合的颜色也各不相同。那么究竟什么颜色的服装最适合自己，穿上后能为自己增姿添彩、锦上添花呢？这就需要我们破解色彩谜语，选择色彩最适宜自己的服装，找到自己的“代言色”，使其与肤色气质相得益彰，更添神采。

1. 探寻色彩的秘密

颜色是人对光的感知，是通过眼、脑和我们的生活经验所产生的一种对光的视觉效应。颜色无处不在，无时不在。用色彩来装饰自身是人类的本能。无论古代还是现代，色彩在服饰审美中都有着举足轻重的作用。搭配服装必须先懂得色彩的规律，了解色彩的规律，洞悉色彩搭配的秘密。

（1）色彩基本知识

服装的色彩丰富，但最基本的原色却只有三种，即红、黄、蓝。因而这三种颜色被称为颜料“三原色”，也就是说，在颜料制作中，这三种颜色是任何其他色彩不能调配出来的颜色，但通过这三种颜色，却几乎可以调配出其他任何颜色。

由两个原色相调和产生出的新的颜色就是间色。如，红和黄调出的橙色、红和蓝调出的紫色、黄和蓝调出的绿色，橙色、紫色、绿色就是间色。

由一种原色与一种或两种间色相调和，或两种间色相调和产生的颜色就是复色。如：黄和橙调出的橙黄、橙和绿调出的棕色（黄灰色），这样的橙黄色、棕（黄灰）色就叫复色。

色彩分为无彩色系和有彩色系两大类。无彩色系是指白色、黑色和由白、黑调和形成的各种深浅不同的灰色。有彩色系（简称彩色系）是指红、橙、黄、绿、青、蓝、紫等颜色。

彩色系的颜色具有三个基本属性：色相、纯度、明度。

色相是色彩的最大特征，是指能够比较确切地表示某种颜色色别的名称。色彩的成分越多，色彩的色相越不鲜明。

色彩的纯度是指色彩的纯净程度。它表示颜色中所含有色成分的比例，比例愈大，色彩愈纯，比例愈小，则色彩的纯度也愈小。

色彩的明度是指色彩的明亮纯度。各种有色物体由于它们反射光量的区别就产生颜色的明暗强弱。色彩的明度有两种情况：一是同一色相不同明度；二是各种颜色的不同明度。

一般来说明度高的颜色会给人比较膨胀的感觉，因此相对会显得体型比较宽大，白色作为明度高的颜色的主要代表，膨胀效果最明显。而黑色则因为明度较低，收缩效果明显。所以，穿白色衣服会让人觉得胖，黑色却很收身。这种感觉比实际体积大的色彩就叫膨胀色，比实际体积小的就叫收缩色。如红、橙、黄给人以前进膨胀之感；蓝、蓝绿、蓝紫给人以后退收缩之感。

一般来说浅色调和艳丽的色彩有前进感和扩张感，深色调和灰暗的色彩有后退感和收缩感。恰到好处地运用色彩的两种观感，不但可以修正、掩饰身材的不足，而且能强调突出你的优点。如对于上轻下重的形体，宜选用深色轻软的面料做成裙或裤，以此来削弱下肢的粗壮。身材高大丰满的女性，在选择搭配外衣时，亦适合用深色。

（2）暖色系和冷色系

可见光可分为7种颜色：赤橙黄绿青蓝紫，一些光给人以温暖的感觉，通常称为暖光。这些光组成的色彩系列，就是暖色系。暖色系包括红紫、红、红橙、橙、黄橙，主要就是红、黄色，这样的颜色给人以温暖柔和的感觉。

反之，使人感受不到温暖而是感觉到清冷的光，就是冷光。冷光组成的色彩系列，就是冷色系，包括黄绿、绿、蓝绿、蓝、蓝紫，还有两个既可以是暖色系又可以是冷色系的颜色：黄、紫。除了暖色系和冷色系，还有一些颜色既不是冷色也不是暖色，称为中间色系，就是黑、白、灰三种颜色，也叫无色系。

一般来讲，浅色使人感觉远、虚、薄，而深色使人感觉近、实、厚。高明度的暖色会使人感到物与人距离近些，突出感强一些；低明度的冷色使人感到与人距离远些，后退感强一些。穿衣服的时候要注意：冷暖色系通常不适合搭配在一起（当然也有例外），中性色系可以和任何颜色搭配。

搭配时还要讲究主色调和点缀色。主色调顾名思义就是所占面积大的颜色，点缀色当然是所占面积比较小的颜色。主色调和点缀色形成对比，主次分明，富有变化，产生一种韵律美。

（3）服装颜色的搭配原则

“没有不美的色彩，只有不好的搭配。”着装色彩搭配和谐，往往能产生强烈的美感，给人留下深刻的印象。所以，着装必须要讲究色彩搭配。

在配色中，深色往往体现的是“庄重保守”，而浅淡的颜色体现的是轻快感。暖色调（红、橙、黄）给人以温和、华贵的感觉；冷色调（紫、蓝、绿等）往往使人感到凉爽、恬静、安宁、友好；中和色（也就是“安全色”，如白、黑、灰）给人以平和、稳重、可靠的感觉，这几种颜色也最容易和其他颜色搭配。

服装的色彩搭配分为两大类，一类是对比色搭配，另外一类则是协调色搭配。对比色搭配分为强烈色配合、补色配合；协调色搭配又分为同色系搭配和近似色搭配。

强烈色配合，指两个相隔较远的颜色相配，如，黄色与紫色、红色与绿色、橙色与青色等，这种配色比较强烈，视觉冲击力强，很显眼。一般来说，如果同一种色彩与白色搭配时，会显得明亮；与黑色搭配时就显得昏暗。因此，在色彩搭配时应突出重点，展示符合身份和场合的色彩。黑色与黄色是最亮眼的搭配，红色和黑色的搭配，显得非常隆重，却不失韵味。

补色配合，指两个相对的颜色的配合，如红与绿、青与橙、黑与白等，补色相配能形成鲜明的对比，有时会收到较好的效果，比如，用暖色系配冷色系，像红配蓝、黄配紫、黑配白，都是很经典的搭配，特别是黑白搭，更是经典。

协调色搭配中的同类色搭配，指深浅、明暗不同的两种同一类颜色相配，也就是浅色系搭配深色系。比如：青配天蓝，墨绿配浅绿，咖啡配米色，深红配浅红，黄配红、黄配绿、灰配黑等，同类色配合的服装显得柔和文雅。深浅配色与明暗配色，营造出的视觉效果不同。

近似色相配则是指两个比较接近的颜色相配，如红色与橙红或紫红相配，黄色与草绿色或橙黄色相配等。

“色不在多，和谐则美”，正确的配色方法，应该是选择一两个系列的颜色，以此为主色调，占据服饰的大面积，其他少量的颜色为辅，作为对比，衬托或用来点缀装饰重点部位，如衣领、腰带、丝巾等，以取得既多样又统一的和谐效果。

（4）不同颜色的搭配规则

白色可与任何颜色搭配，但要搭配得巧妙，也需费一番心思。白色象征纯洁、神圣、明快、清洁与和平，最能表现一个人高贵的气质。不过穿白色服装并非要浑身上下全穿白色，如白洋装、白鞋、白手套、白手提袋，这样的打扮，不仅失去了个性美，而且也缺乏应有的朝气。因此，要想把白色服装穿得更美，对于化妆与配件的配色就要多加考究。

白色下装搭配条纹的淡黄色上衣，是柔和色的最佳组合；下身着象牙白长裤，上身穿淡紫色西装，配以纯白色衬衣，不失为一种成功的配色，可充分显示自我个性；象牙白长裤与淡色休闲衫配穿，也是一种成功的组合；白色皱褶裙配淡粉红色毛衣，给人以温柔飘逸的感觉。红白色搭配是大胆的结合。上身着白色休闲衫，下身穿红色窄裙，显得热情潇洒。

在强烈对比下，白色的分量越重，看起来越柔和。配件方面，蓝色的装饰品（如项链之类）起调和、平衡作用，可使人显得格外年轻活泼。

蓝色也是百搭的颜色。在所有颜色中，蓝色服装最容易与其他颜色搭配。不管是近似于黑色的蓝色，还是深蓝色，都比较容易搭配，而且，蓝色具有紧缩身材的效果，极富魅力。生动的蓝色搭配红色，使人显得妩媚、俏丽，但应注意蓝红比例要适当。近似黑色的蓝色合体外套，配白衬衣，再系上领结，出席一些正式场合，会使人显得神秘且不失浪漫。曲线鲜明的蓝色外套和及膝的蓝色裙子搭配，再以白衬衣、白袜子、白鞋点缀，会透出一种轻盈的妩媚气息。上身穿蓝色外套和蓝色背心，下身配细条纹灰色长裤，呈现出一派素雅的风格。因为，流行的细条纹可使蓝灰之间的强烈对比变得柔和，增添优雅的气质。蓝色外套配灰色褶裙，是一种略带保守的组合，但这种组合再配以葡萄酒色衬衫和花格袜，显露出个性，从而变得明快起来。蓝色与淡紫色搭配，给人一种微妙的感觉。蓝色长裙配白衬衫是一种非常普通的打扮，如能穿上一件高雅的淡紫色的小外套，便会平添几分成熟都市味儿。上身穿淡紫色毛衣，下身配深蓝色窄裙，即使没有花俏的图案，也可流露出成熟的韵味儿。

黑色也是百搭百配的色彩，无论与什么色彩放在一起，都会别有一番风情。除了新娘子忌用黑色之外，其他时候，黑色都可以单独或配合使用。对于明艳的人，穿上黑色的衣服，会更加光艳照人。对于体型高大肥胖者，黑色更是一种最具收缩效果的颜色，在黑色的修饰下，女性看起来要比真实的体型苗条许多，不仅如此，黑色与其他颜色混合后仍然具有收缩的效果，如红黑、蓝黑、墨绿等。黑色与明亮色搭配也有很好的效果，比如黑绿、黑黄、黑白配，都有独特的韵味。

红色象征着温暖、热情与喜庆，是很受女性喜爱的颜色，也是能有多种搭配的颜色。强烈的艳红色，则适于夏季，深红色是秋天的理想色。浅红色的长裤或裙子，上身可调配以白色或米黄色的上衣，而用深红的胸花别针来点缀上衣，使之与下身的浅红色相呼应。如果是浅红色的格子花裙，可以和深红色的上衣、外套搭配，帽子可以配浅草黄色的，皮鞋和皮包以白色为主。红上衣多配白裙白裤，而红裤红裙子多配白上衣。艳红色的上衣亦常与蓝色牛仔裤配合着穿。大红的外套大衣可与黑色长裤长裙搭配，但上衣仍以白色为理想。

黄色属于暖色系列，象征温情、华贵、欢乐、热烈、跃动、任性、权威、活泼等，高彩度黄色为富贵的象征，如以前明黄色就是皇家专享的色彩，平民是绝对不可以用的。像浅黄色的纱质衣服，很具有浪漫气氛，可以作为长的晚礼服或睡衣。浅黄色上衣可与咖啡色裙子，裤子搭配，也可以在浅黄色的衣服上接上浅咖啡色的蕾丝花边，使衣服的轮廓更为明显。浅黄与白色因为两者色调太过接近，容易彼此抵消效果，所以并不是很理想的搭配。与浅黄色容易造成冲突的颜色，是粉红色，而橘黄色与蓝色也是很犯忌的搭配，应该避免。深黄色较之咖啡色与浅黄色来说，是更为明亮醒目的颜色，所以不妨选有深蓝色图案的丝巾，里面穿上白色T恤衫或衬衫。但是要注意，深蓝与深绿不要互相搭配，即使浅绿也不适宜，最好分开搭配更好。蓝色与紫蓝色倒可以互相配合穿着，如果是小碎花图案，这两种颜色更可以产生水乳交融的效果。

绿色象征自然，代表成长、清新、宁静、安全和希望，是一种娇艳的色彩，使人联想到自然界的植物，不过，绿色本身却很难与别的颜色相配合。比如淡绿色，除了配白色之外，就不容易找到更理想的搭配。如果浅绿色配红色，太土；配黑色，太沉；配蓝色，犯冲；配黄色只能说勉强可以；如果穿绿色衣服，可以选用白色的皮包和皮鞋，银灰色的效果次之，其他颜色还是少碰为妙。所以，买绿色的服装时，不可冲动、贪多，尤其要注意自己是否有白色和银色的裙、裤来搭配；反之，买绿裙、绿裤时，亦不可忘了配上一件白色的上衣外套。

米色比较柔和，很适合成熟的职场女性，米色因其简约与富于知性美已经成为职场着装的常用色。与白色相比，米色多了几分暖意与典雅，不夸张；与黑色相比，米色纯洁柔和，不过分凝重。在追求简单抛却繁复的时尚潮流中，米色以其纯净典雅气息与严谨的现代职场氛围相吻合。要将任何一种颜色穿出最佳效果，都要讲究搭配，米色也不例外。用米色穿出一丝严谨的味道来，也不难。一件浅米色的高领短袖毛衫，配上一条黑色的精致西裤，穿上闪着光泽的黑色的尖头中跟鞋子，将一位职业女性的专业感觉烘托得恰到好处。如果想要一种干练、强势的感觉，那就选择一套黑色条纹的精致西装套裙，配上一款米色的高档手袋，既有主管风范又不失女性优雅。

褐色也是职场女性较为常用的颜色。褐色与白色搭配，给人一种清纯的感觉。金褐色及膝圆裙与大领衬衫搭配，可体现短裙的魅力，增添优雅气息。选用保守素雅的栗子色面料做外套，配以红色毛衣、红色围巾，鲜明生动，俏丽无比。褐色毛衣配褐色格子长裤，可体现雅致和成熟。褐色厚毛衣配褐色棉布裙，通过二者的质感差异，表现出穿着者的特有个性。

色彩牵涉的学问很多，包含了美学、光学、心理学和民俗学等。心理学家近年提出许多色彩与人类心理关系的理论。他们指出每一种色彩都具有象征意义，当视觉接触到某种颜色，大脑神经便会接收色彩发放的讯号，即时产生联想，例如红色象征热情，于是看见红色便令人心情兴奋；蓝色象征理智，看见蓝色便使人冷静。经验丰富的设计师，往往能借助色彩的运用，勾起人心理上的联想，从而达到设计的目标。

2. 找到最适合自己的“代言色”

现实中，我们面对的服装色彩实在是太丰富了，五彩缤纷，万紫千红，那么到底该怎样去挑选服装的颜色呢？这对于许多女性来说，都是一个问题。

再新颖的款式、再时髦的材质、再合身的剪裁，因为颜色没选对，不仅没起到美化自己的作用，反倒让自己的形象气质大打折扣，这是许多人都遇到过的事情。比如，很多女性的皮肤属于厚重型的，黑色素很多，却喜欢穿土黄色、浅灰色的衣服。看上去整个人黯淡、无精打采，脸型也变大了，脸上的黑色素更加明显，脸色和衣服的颜色无法衔接起来，分成两段，其实这种类型的人更适合穿色彩鲜艳、强烈的衣服！适合自己的色彩会让皮肤显得更加自然光润，眼睛也会明亮、动人，衣服和脸在颜色上很有衔接感，整个人看起来精神奕奕！所以，一定要找到最适合自己的颜色，这样挑选衣服时才能挑到最能让衣服与容颜相得益彰的服饰，搭配出最佳的效果来。

那么，怎样找到自己的“代言色”？根据肤色的不同来选择是最基本的原则。

从最简单易懂的“四季色彩理论”着手，很容易就能区分出色彩的优势，并找到适合自己的色彩。按照四季色彩理论，色彩也是有季节特征的，人的肤色同样也是有四季性的，将两种季节性作最恰当的组合，就会是最理想的颜色搭配了。

“四季色彩理论”的重要内容就是把生活中的常用色按照基调的不同，进行冷暖色划分和明度、纯度划分，进而形成四大组和谐关系的色彩群。由于每一组色群的颜色刚好与大自然四季的色彩特征相吻合，因此，就把这四组色群分为四大类：春季型、夏季型、秋季型、冬季型。其中春、秋两个季型为暖色调；夏、冬两个季型为冷色调。人的肤色，同样可以对应上这四组色群。

（1）春季型人群最适合的颜色

春季型颜色是明亮鲜艳的颜色群。春天万物复苏，百花齐放，柳芽的新绿，桃花杏花的粉嫩……颜色明亮、显眼、俏丽。春季型的人与大自然的春天色彩有着完美和谐的统一。他们往往有着玻璃珠般明亮的眼眸与纤细、透明的皮肤，神情充满朝气，给人以年轻、活泼、娇美、鲜嫩的感觉。

春季型人群的肤色特征是：浅象牙色，暖米色，细腻而有透明感；眼睛熠熠发光，眼珠为亮茶色，黄玉色，眼白看起来有湖蓝色；头发的颜色是明亮如绢的茶色、柔和的棕黄色或栗色，发质柔软。

春季型的人选择最适合自己颜色的要点是：颜色不能太旧，太暗。春季型人使用范围最广的颜色是黄色，选择红色时，以橙红、桔红为主。春季型人的服饰基调属于暖色系中的明亮色调，如同初春的田野，微微泛黄。服饰中的画龙点睛之笔是春季色彩群中最鲜艳亮丽的颜色，如亮黄绿色、杏色、浅水蓝色、浅金色等，都可以作为主要用色穿在身上，突出轻盈朝气与柔美魅力同在的特点。春季型人的服饰基调属于暖色系中的明亮色调，在色彩搭配上应用鲜明对比法来突出自己的俏丽。

对春季型的人来说，黑色是最不适合的颜色，过深过重的颜色会与春季型人白色的肌肤、飘逸的黄发出现不和谐音，会使春季型人看上去显得暗淡。春季型人的特点是明亮、鲜艳。春季型的人用明亮、鲜艳的颜色打扮自己，会比实际年龄显得年轻。

（2）夏季型人群最适合的颜色

碧蓝如海的天空，静谧淡雅的江南水乡，轻柔写意的水彩画……是大自然赋予夏天的一组最能表现清新、淡雅、恬静、安详的色彩。

夏季型的人给人以温婉飘逸、柔和而亲切的感觉。肤色特征是粉白、乳白色皮肤，带蓝调的褐色皮肤，小麦色皮肤；眼睛特征是目光柔和，整体感觉温柔，眼珠呈焦茶色、深棕色。

头发颜色特征是轻柔的黑色、灰黑色，柔和的棕色或深棕色。

夏季型人适合柔和且不发黄的颜色。选择黄色时，一定要慎重，应选择让人感觉稍微发蓝的浅黄色。选择红色时，以玫瑰红色为主。选择最适合颜色的要点是颜色要柔和、淡雅。

夏季型人拥有健康的肤色、水粉色的红晕、浅玫瑰色的嘴唇、柔软的黑发，给人以非常柔和、优雅的整体印象，蓝色是夏季型人最适合的颜色。夏季型人也适合穿深浅不同的各种粉色、蓝色和紫色，以及有朦胧感的色调。颜色的深浅程度应在深紫蓝色、浅绿松石蓝之间把握。以蓝色为底调的轻柔淡雅的颜色才能衬托出温柔、恬静的个性。深一些的蓝色可作大衣、套装，浅一些的蓝色可做衬衫、T恤衫、运动装或首饰。但注意夏季型的人不太适合藏蓝色。紫色是夏季型人的常用色，选择鲜艳的紫色做套装，用夏季型色彩群中其他的颜色进行组合搭配，可以穿出不同的感觉。乳白色也适合，在夏天穿着乳白色衬衫与天蓝色裤裙，这样的搭配有一种朦胧的美感。

在色彩搭配上，最好避免反差大的色调，适合在同一色相里进行浓淡搭配，或者在蓝灰、蓝绿、蓝紫等相邻色相里进行浓淡搭配。上班女性可以选择蓝紫色作为裤装和鞋子，上半身选择了色彩群中浅紫色、淡蓝色、浅蓝黄、浅正绿色，既有浓淡搭配，又有相对柔和素雅的对比搭配。

同样，夏季型人不适合穿黑色，过深的颜色会破坏夏季型人的柔美，可用一些浅淡的灰蓝色、蓝灰色、紫色来代替黑色，做上班的职业套装，既雅致又干练。夏季型人穿灰色非常高雅，但注意选择浅至中度的灰；不同深浅的灰与不同深浅的紫色及粉色搭配最佳。

（3）秋季型人群最适合的颜色

枫叶红与银杏黄相辉映的秋天，整个视野里都是令人炫目的充满浪漫气息的金色调。金灿灿的玉米、沉甸甸的麦穗与泥土的浑厚、山脉的老绿，交织演绎出秋天的华丽、成熟与端庄，这是大自然秋天的美景！

而秋季型的人群有着瓷器般平滑的象牙色皮肤或略深的棕黄色皮肤，一双沉稳的眼睛，配上深棕色的头发，给人以成熟、稳重的感觉，是四季色中最成熟而华贵的代表。肤色特征是瓷器般的象牙白色皮肤，深桔色、暗驼色或黄橙色；眼睛特征是深棕色、焦茶色，眼白为象牙色或略带绿的白色；头发颜色特征是褐色、棕色、铜色、巧克力色。

秋季型人选择自己最适合的颜色，要选择温暖、浓郁、华丽的色彩，如金色、橙色、红色、棕色、苔绿色等，它们也是秋季型人的最佳代表色，可将她们的自信与高雅的气质烘托到极致。

在服装的色彩搭配上，不太适合强烈的对比色，只有在相同的色相或相邻色相的浓淡搭配中才能突出华丽感。服饰基调是暖色系中的沉稳色调。穿用与自身色特征相协调的以金色为主调的暖色系颜色，会显得自然、高贵、典雅。选择红色时，一定要选择砖红色和与暗桔红相近的颜色。白色应选以黄色为底调的牡蛎色，在春夏季与色彩群中稍柔和的颜色搭配，会显得自然而格调高雅。适合的蓝色是湖蓝色系，又名凫色，与秋季色彩群中的金色、棕色、橙色搭配可以烘托出秋季型人的稳重与华丽。此外，还有沙青色等纯度不强的颜色选择。以棕色系作为下半身的裤装和鞋子，秋季型人可把秋季色彩群中典型的橙色、森林绿、珊瑚红作为上半身的毛衣、大衣和外套的颜色。

秋季型人也不太适合黑色。穿黑色会显得皮肤发黄，秋季色彩群中的深砖红色、深棕色、凫色和橄榄绿都可用来替代黑色和藏蓝。灰色与秋季型人的肤色排斥感较强，如穿用，一定挑选偏黄或偏咖啡色的灰色，同时注意用适合的颜色过渡搭配。

（4）冬季型人群最适合的颜色

冬季型是属于冷峻、冷艳的颜色群，缤纷耀眼的圣诞树上那些纯色的装饰，把冬季鲜明比照的主题表现得淋漓尽致。冬季色群有着热烈、分明、纯正的性格……

冬季型的人群肤色特征是青白色或略暗的甘蓝绿、带青色的黄褐色；眼睛特征是眼睛黑白分明、目光锐利、眼珠为深黑色、焦茶色；头发颜色特征是乌黑发亮黑褐色、银灰色、酒红色。

冬季型的人选择自己最适合的颜色，要选鲜明、光泽的颜色。最适合用鲜明对比、饱和纯正的颜色来妆扮自己。黑发白肤与眉眼间锐利鲜明的对比给人以深刻的印象，充满个性、与众不同。无彩色以及大胆热烈的纯色系也非常适合冬季型人的肤色与整体感觉。在各国国旗上使用的颜色，都是冬季型的人最适合的色彩。选择红色时，可选正红、酒红和纯正的玫瑰红。

冬季型的人只有搭配得当，才能显得惊艳、脱俗。冬季型人有着天生的黑头发，锐利有神的黑眼睛，冷艳的几乎看不到红晕的肤色，这几大特点构成冬季型人的主要标志。雪花飘飞的日子，冬季型人更易装扮出冰清玉洁的美感。如用原汁原味的红、绿宝石蓝、黑、白等为主色，冰蓝、冰粉、冰绿、冰黄等皆可作为配色点缀其间，可以搭配出最闪亮的效果。

与春、夏、秋季型的人群相反，冬季型的人最适合黑、白、灰这三种颜色，也只有在冬季型人身上，“黑白灰”这三个大众常用色才能得到最好的演绎，真正表达出无彩色的鲜明个性。不过一定要注意的是穿深重颜色的时候一定要有对比色出现。

比如纯白色就很适合冬季型肤色的人，通过巧妙的搭配，会使冬季型人熠熠生辉。

深浅不同的灰色冬季型的人都能穿用，与色彩群中的玫瑰色系搭配，可体现出冬季型人的都市时尚感。藏蓝色也是冬季型人的专利色，适合作套装、毛衣、衬衫、大衣的用色。如选择基础色中的深灰色作为主色调，可与冬季型色彩群中的白色、亮蓝色、亮绿色、柠檬黄、紫罗兰色相互搭配。以鲜艳、纯正的正绿色为例，冬季型的人可以大胆尝试让其与冰绿色、柠檬黄、蓝红色进行搭配。黑色是冬季型的人裤装的专利，同时与鲜艳明亮的颜色搭配，是冬季型的人经常使用的明度对比手法。

3. 不同的色彩展现不同的气质

色彩不仅有冷暖之分，还代表着各自不同的气质。在色彩搭配的时候，让服装色彩的“气质”与自己的气质搭配得“相得益彰”，无疑更能显示出自己的个性和魅力。

（1）红色

红色代表的气质有：兴奋、精力、热情、欲望、速度、力量、热爱、健康、野蛮、侵略。

红色的特点是非常抢眼，热情、开朗、爱交朋友、爱运动的女性，都非常适合红色，红色与她们的气质最为相配。在喜庆的场合，红色也是最适合的打扮，最能增加喜庆的氛围。比如国庆或是春节时电视台的主持人换上一袭红衣，刹那间屏幕都亮了起来。选择适合自己的红色时，只要贴脸一看，便知道哪些红是让自己明亮，或者是让自己暗淡。能让自己明亮起来的当然就是适合的。

（2）黄色

黄色代表的气质有：智慧、光荣、忠诚、希望、喜悦、光明、权威、享受、幸福、乐观、理想主义等。

黄色代表的气质类型很不一般，因为黄色既庄重威严又柔嫩可爱。以前明黄是皇家专用的色彩，代表的就是权威。奖章、勋章也用黄色，代表的是庄重。但女性穿黄色，突显的是另一种可爱和温柔的气质。从鲜黄到鹅黄，只要是偏嫩的颜色，都会让人觉得可爱、惹人怜爱，或者是比较温柔。穿黄色显示出女性比较温柔、个性从容、气质典雅温婉的特点。

（3）蓝色

蓝色的含义有自信、平和、信任、真实和冷静。稳重大方的人大多偏爱蓝色。因而职场女性选择蓝色套装的也很多。因为蓝色比粉色要庄重严肃很多，展现出女性冷静、果敢和自信的特质，有助于女性的职场竞争。

（4）绿色

绿色代表的气质有自然、善良、健康、青春、和平、幸福、幼稚。绿色是比较稳重的颜色，但也有比较亮眼的绿色，纯净的绿很适合表达青春亮丽的气质，好比嫩芽刚出来还带一点涩的绿，很可爱、很萌，但却稍显幼稚。

（5）白色

白色代表的气质有尊敬、纯洁、简单、干净、谦虚等。白色，是一种反射颜色，在颜色学上跟黑色和灰色一样是无色系，但在衣着上却是受大多数人喜欢的颜色。白色能彰显女性心地单纯善良，气质干净美好的一面。特别是全身白色的装扮，能让女性的气质变得纯净。

（6）紫色

紫色代表的气质有灵性、高贵、个性、自我、智慧等。若不确定用什么颜色，又怕不够稳重，紫色是很好的选择，因为它具有让视觉明显的效果，又不会显得柔弱、不正式。紫色也很好搭配，紫跟黑、紫跟蓝、紫跟咖啡、紫跟灰、紫跟白都能搭在一起，可以为弱颜色加分，也可以与强颜色调和。紫色能表现女性个性很强，坚持自我，有主见的特点。

（7）灰色

灰色代表的气质有安全、可靠、诚恳、成熟、谦逊、讲究和保守。穿灰色服装的女性给人感觉性格沉稳，待人诚恳，做事认真，是相当可靠的。灰色在权威中带着精确，当处于需要表现智慧、成功、权威、诚恳、认真、沉稳等场合时，灰色衣服能增色不少。

（8）黑色

黑色代表内向、低调、优雅、智慧、孤单、神秘、自卑、冷漠等气质。在颜色学上，黑色是无色系，所以黑色的包容力在所有颜色里面最大的，因而最为优雅。黑色既象征权威、高雅、低调、创意，也意味着执着、冷漠、防御，视服饰的款式与风格而定。当需要极度权威、表现专业、展现品位、不想引人注目或想专心处理事情时，黑色都是很好的颜色。不过，如果女性经常穿着黑色衣服会给人性格内向，爱独处，对人缺少热情，有距离感的错觉。黑色的职业装表达的却是能力和权威，内搭稍亮一些的颜色，会无声地向他人宣告，你的专业能力不容置疑。

当然，颜色绝不仅仅只有这些，而且因为每个人都不会只穿一种颜色，所以这些颜色代表的气质只是参考性的。

4. 走进成熟，从灰色开始

从视觉感官上，灰色最容易给人成熟、大气、稳重的印象。它比黑色轻盈，又比白色沉稳，既不会太沉闷也不会很鲜艳。高品质、线条精简的铁灰、炭灰、暗灰色衣服，往往最能在无形中散发出“智慧”“成功”“权威”等信息，中灰与淡灰色则带有哲学家的沉静。但当灰色服饰质感不佳时，整个人看起来会黯淡无光、没精神，甚至造成邋遢、不干净的错觉。在色彩心理学测试上，灰色还与专业、权威和信任联系在一起，因而灰色也是很多女性喜欢的色彩，更是职场最受欢迎的色彩之一。女性穿着灰色正装的优雅和从容，总是让人侧目，办公室里的灰色，既表现品位又能保持干练；日常装扮的灰色，成熟优雅又大气，最能表现熟女的风韵。

不过，灰色也要搭配恰当，才最能突出灰色的成熟和大气，不然就会有一些沉闷感。下面这些灰色穿搭原则，可以参考。

（1）灰色搭配原则

灰色是白色与黑色的中间色，所以搭配白色黑色都很经典。还有暖色系的红色也可与灰色搭配，粉橙色系搭配灰色更柔和。比如，粉色、绿色、红色和浅蓝色都是灰色比较经典的搭配。

灰色是比较大众的颜色，就像黑色和白色是百搭色一样。灰色比较暗，搭配宝蓝色和艳一点的红色会有不错的效果，如果内搭的话，效果也不错。裤子或者裙子可以穿灰黑，或者土黄色。不过颜色和样式要注意，不能两个设计都复杂，还有厚度也不能一样的。整体效果要和谐，颜色要适度，不能有太多元素，那样会显得冗余。

在着灰色的衣服时，不太适宜搭配闪亮的颜色，风格上会显得格格不入，闪亮的颜色就是需要显眼而搭配了灰色就会阻碍这种亮色的发挥，达不到理想的效果。

（2）成熟搭配

当女性想要表现自己的稳重、成熟、淡雅、包容之时，灰色是较好的选择。穿戴灰色会给人值得信赖、容易沟通的印象。比如用灰色毛呢上衣配暖色外套和窄脚牛仔裤，脚下穿磨砂面灰色尖头高跟鞋，既成熟干练又不沉闷，很光鲜亮丽，又成熟稳重，非常适合职业女性。日常穿着也十分优雅。

再比如灰色吊带连身裙搭配灰色针织开衫，再加一双流苏麂皮短靴和一个民族图案手包，也是休闲旅游的绝佳搭配。松垮轻薄的开衫和吊带连身裙打造出自然的性感，色彩艳丽的民族风格的包和银饰都让灰色搭配不暗沉，和苏流靴子结合完美体现了休闲风情。

灰色毛呢上衣搭配黑色短裙，加上民族图案的丝巾和镂空鱼嘴高跟鞋，优雅而妩媚。注意丝巾的色彩要鲜艳一点，图案绚丽一点，更能使主体稍显暗沉的搭配瞬间亮丽起来，镂空的高跟鞋体现妩媚柔婉的气质。

灰色毛衣搭配灰色窄腿裤，外搭灰色外套，再配一双白色休闲鞋，既成熟又青春，是很有朝气的打扮。

（3）正装的搭配

上班时可以选择灰色的裤子搭配暗蓝色的紧身针织衫，看上去深沉有气派。灰白黑搭配是最经典的搭配，选择白色衬衣外加一件黑色的针织短外套，下面可以穿一件深灰和浅灰交错开的百褶裙，再用粉色的包做补色，这样一款搭配落落大方，稳重又不失优雅。

刚入职场的女性如果选择灰色，可以用粉红色及黄色小碎花的衬衣来搭配，灰色、粉色、黄色三个颜色明度容易产生统一感，很青春但又不张扬，有职场的成熟感。

灰色的长裙散发出很浓的女人味，但是长裙大面积的灰色容易带给人沉闷古板的感觉，这时候不妨在脖子上搭配一条粉色的围巾，用粉色搭配灰色很飘逸，消除了沉闷感。

深孔雀蓝的大衣搭配灰色的套裙，流露出一种淡淡的知性气质，非常适合冬季职场女性。不过要记得别一枚别致的胸针或是系一条艳丽的小丝巾，会让职业女性在室内脱下大衣后依然造型优雅。

5. 黑白配，永远的经典搭配

最时尚耐看的颜色是黑色和白色，最不过时的颜色也是黑色和白色，而黑色搭配白色已经成为经典，成为无法超越的颜色配搭。无论潮流怎么变换，没有人会怀疑黑白配为经典搭配的地位，黑白色系搭配永远是最经典最经得起考验的穿搭，永不过时。

在职场，黑色、白色更是少不了的经典色，很多时候，黑、白、灰几乎是职场正装的代名词，最经典的黑白配，自然也是职场女性的心头之爱，既不会有失稳重，也不会远离时尚潮流。服装黑白搭配，不管在哪个场合都不会出错，而且不同的款式展现出不同的时尚品位。

（1）黑白经典配

黑白经典配是指一件黑色和一件白色的搭配，或是里外搭配，或是上下搭配，这也是最常规最经典的搭配方式。黑白配一直是经典的色彩搭配。黑与白的对比鲜明又简洁，给人一种大大方方的爽利感觉。如独立率性的女人，不去追逐浮躁的时尚，不用堆砌繁杂的颜色，仅用两种永恒的色彩，穿出属于自己的独特风格，简简单单，自成一派，显得干练、洒脱。

白衬衫、白T恤衫、黑T恤衫、黑裤子、黑裙子、白裙子，这些是日常最常见的单品，都可以根据黑白配的方式进行搭配，同时，这一类的搭配也要注意鞋子的颜色，应以黑或者白色的鞋子为主。如白色的百褶裙（或黑色的）配一件简单的黑色T恤衫（或白T恤衫），非常简单随意，但是超级好看，这时候鞋子的选择也很重要，加一双一字型罗马凉鞋，颜色和上衣相同，整体上既减龄又显气质。

再如显瘦A字过膝黑色长裙，搭配一件基础款白色衬衫，衬衫下摆塞到裙子里面，搭配尖头高跟鞋则显得优雅成熟，如果是平跟凉鞋，则很有学院风的知性感觉。

白色丝质衬衫搭配黑色阔腿裤，简简单单的搭配却让人过目难忘，潇洒不羁，简约随性。白色雪纺长外套搭配黑色衬衫和黑色西装裤，再加一双黑白拼色牛津鞋，搭配出中性极简风。白色衬衫搭配黑色花瓣裙和黑色尖头高跟鞋，散发出另一种优雅女人味。

黑白搭配的连衣裙，白衣黑裙的经典款式，很有职业的气质，挑选职业装扮，这款绝对是首选。腰身处选择有修身设计的，会更显身材，也更端庄。要注意的是裙子的样式要包身裙式样才好，不可是大摆式样，那样的款式职业感就会差了很多，质地也不要选太过轻薄的衣料，稍微硬朗一些的质地更适合。

白色蕾丝裙过于俏皮可爱，若要穿着去上班，只需要一件长款的黑色西服款外套，既有公主般的甜美，又有职场丽人般的干练。

短款的黑或白色小西装，更是大有用处，搭配各种装扮，都能显出干练优雅。比如小黑西装搭配一件小方领的丝质白色衬衣，精致优雅就可完美体现。

（2）黑白点缀配

这种搭配方式就是用一种颜色去点缀另一种颜色，就是用小面积的色彩去点缀大面积的色彩，而不是黑白对等的搭配。如黑裙配白鞋、白裙配黑包或是小黑裙配白色的荷叶领等。

比如，小黑裙配一个白色包或者一条白色的腰带，或者小白裙搭配一个黑色大包，或者在鞋子上进行颜色搭配也是可以的。

圆领A字摆是小黑裙的经典款式，搭配一个白色手拿包是非常好的，不适合搭配白色鞋子，会显得脚太轻，应选择黑色鞋子来搭配。文艺风格的小白裙，很飘逸轻盈，这种款式的黑色点缀最好在鞋子上下功夫，黑色的一字罗马凉鞋会非常适合。

再比如黑色连衣裙上镶钻，或者在小黑裙身上面加上白色元素点缀，小白裙上加一点黑色元素点缀等，这一类搭配非常有特点，通常一点点的小点缀就会带来视觉上的极大不同。

还有刺绣、装饰或是配饰的点缀，都会增强黑白点缀搭配的效果。

（3）黑白撞色配

这是指黑白两色混在一起，通过直接的对比来营造出效果。黑白条纹、黑白格子、黑白拼接、黑白波点都属于这一类。

如白色雪纺衬衫配上领口、领边和袖口的黑色粗线条，对白色进行勾勒，呈现出特别立体的感觉，再搭配一件黑色裤装，很显气质。黑白的简单条纹搭配的套装裙，很正式，细细的白色条纹超越黑色的暗沉，显示出超凡的理性和睿智。黑白撞色搭配也可穿出学院风，很多人理解的学院风都是英伦格子式样的，职场中亦可有成熟的学院风，黑与白的细小条纹或细小格子，简单又理性。

黑白宽条纹裤，搭配黑色小外套，优雅时尚，黑色小外套尤其显得高贵。条纹拼接的包臀背心裙既能诠释出黑白配的潮流趋向又能凸显出自身的婀娜曲线，内搭外穿都很靓丽。

黑白格子，不论衬衫、连衣裙还是短裙，都很有味道。大格子衬衫，经典的黑白搭配，给人一种简单明快的感觉。细小的格子，天然的文静，与纯黑色对比鲜明，演绎复古的气质。

黑白波点，也是裙装的经典配。小小的细波点最能体现可爱，大波点率性自由，怎么配都好看。

黑白色单品肯定是人手必备的时尚单品。黑白色搭配可以说是永不过时的造型，不仅能展现出极简中性风，黑白双色还能穿出优雅、休闲等风格。

黑与白是时尚界永不落幕的经典，简单纯粹的黑和白，通过经典图案、材质对比、几何分割，塑造出一种不张扬、不做作的风格。黑与白的结合，呈现出刚与柔的对立，简约中体现高贵优雅的气质。

6. 裸色的诱惑和魅力

裸色源于性感的嘴唇、脸庞和身体皮肤的颜色，与肤色极为接近，轻薄透明且立体感十足，总在不经意间流露出含蓄而性感的魅力，当这种颜色与服装相遇，就会迸发出无与伦比的魅力和诱惑力。主要的颜色有淡粉色、肉色、米白色、粉红色等。

（1）淡粉色

淡粉色干净优雅，对人的肤色有很好的修饰作用。皮肤偏白的人穿淡粉色，肤色会更加白皙粉嫩，皮肤偏黑的人穿淡粉色，肤色看起来更加健康。完整的大面积裸色，的确对脸色白皙程度要求太高。不过对于皮肤偏黄的亚洲女性来说，选择裸色系中的浅粉色绝对是明智之举，这样可以巧妙地回避脸色问题，且令搭配更随意。穿淡粉色时装，一定要搭配同色调鞋子，否则任何偏深或偏浅色的鞋子都会让整体失色，破坏协调性。也可运用裸色衬衣和配饰来增强整体的搭配效果。

（2）肉色

与肤色十分接近的肉色，呈现淡淡的金色蜜感，尤其是与蕾丝的结合，更增添性感。肉色也适合皮肤白皙以及身材娇小、曲线玲珑的女性穿着。如果担心肉色时装与皮肤靠色，可以选择细节设计夸张的款式，或佩戴红色、金色、白色等配饰，形成强烈的视觉对比。

（3）米白色

米白色是万金油，米白色比白色更浪漫、雅致，比亮色更怀旧。质感上的华贵可以提升米白色时装的贵族气质，相反，质朴的面料也让米白色变得柔和、年轻。米白色的时装与肉色一样只适合肤色白净的女性，对身材的要求却没有肉色那么苛刻。如果你身材姣好，可以选择轻薄的雪纺面料，如果身材微胖，则可以选择米白色风衣或相对硬挺的面料。

（4）粉红色

粉红色要避免艳俗印象，可以表现十足的女人味。如果你感到气色欠佳时，可以考虑选粉红色，你的妆容要与之统一，显得温婉大方。在粉红色的时装上搭配白色项链，则更加时尚。要注意的是，搭配白色项链后要尽量避免除白色、粉红之外的第三种颜色，这样就有效地避免了粉红色的艳俗印象。

（5）裸色搭配要点

裸色一直是优雅大气和性感的颜色，但是如果搭配不当，则会很让人尴尬，一不小心就会让肤色与衣色混为一体，看似没穿一样。所以一定要认真搭配。

裸色最佳的颜色搭配是白色和黑色。用白色来搭配贴近肤色的裸色系衣服效果会很好，显肤色，显气质，整体就选择两个颜色，注意饰物和鞋子的搭配可以了。裸色网格短裙搭上白色花边衬衫柔美、端庄。搭配白色花边衬衫，典雅大气。裸色短裙搭上白色木耳袖小衫，或是一条简约的裸色裙，简洁干练。搭上蓝色衫则清新自然，娇俏可人，职场干练气质尽显。

用黑色来搭配裸色也不错。裸色蝙蝠袖衬衫搭配黑色包臀裙，宽松的袖子端庄大气，不失职场的端庄感，搭上黑色裙简洁大方。或者用裸色九分裤搭上黑色小衬衫，端庄典雅。九分裤干练显高，搭上衬衫稳重中透着秀气。裸色与黑色的拼接裙，是经典耐看的色调搭配。

裸色半身长裙搭配黑色背心T恤，这种女装搭配具有亲切感，使女性更加优雅，也增添了一丝随性的感觉。裸色系雪纺长裙作为黑色西服与鞋包的搭配单品，给黑色系的搭配注入活力。

裸色下装是好肤色的秘诀。倘若你肤色偏暗又想穿裸色，最好的方法就是避开上半身，让裸色系出现在下半身的装扮当中。另外，可以再用一件浅色或白色的上装为你衬托好脸色，同时又可以为整体效果起到增加层次的作用。

挺括面料的裸色要比薄纱质感的裸色更好驾驭，因为裸色带有温和的感觉，所以柔软面料显得缺乏生活气息，薄透的裸色面料多出现于正式晚装中。软硬面料的结合往往是化解裸色这一特性的方法。裸色连衣裙可以配一件硬挺质感的裸色西装，是办公室职场丽人的完美着装，既素雅又轻松。裸色的外搭和大衣也是非常适合职业女性的。短款外套相对中长款的大衣更显个性，自然与前者的优雅感觉不同，短款上衣更添利落感。

裸色系列内的相近色更易融合，相互并无冲突的危险，所以玩层叠穿搭十分适合。如用长袖的粉色衬衫搭配肉色的长裤或是长裙，再配上裸色的高跟鞋，性感迷人，也非常优雅。

7. 单一的黑色也有霸气的时候

如果说让我们全身的衣服都只能运用一种颜色来搭配造型，那么，非黑色莫属。

黑色具有无穷无尽的吸引力，将各种颜色融入黑色中它都能使之消失无踪，因此它可以从容地与任何颜色搭配，代表高贵、神秘、庄重、稳定、强大。黑色作为经典百搭色，融入服装中有着独特的魅力，简约、庄重、典雅、大气。而单一的黑色，更是有着天然的权威和霸气，有着强大的气场。很多科技产品，像电视、跑车和仪器多采用黑色。在很多电影中，男神和女神们霸气登场时的着装往往都有黑色的元素，各种色彩里最霸气的还是黑色。

全身黑色的造型，黑得纯粹和单一，更能营造出天然的威严，不怒自威，不动自稳，霸气外露，把黑色的神秘和威严演绎到了极致。这对于职场女性而言，正是塑造自己专业、权势形象的最好选择。下面这些全黑搭配，正好可以满足一下这样的小心机。

（1）黑色外套搭配黑色裙裤

黑色外套具有强大的搭配功力，尤其在气温渐渐变暖的时候，黑色外套越来越受到女孩们的喜欢。每个女孩的衣橱里都有一件百搭的黑色外套。黑色西装配上镂空长裙可搭配出不一样的风格，简单实用又时髦，轻松告别俗气。经典百搭的简约款式西装搭配各种裙子、裤子，让整体的造型显得更加的帅气、立体。黑色的流苏外套配上皮裤，休闲而不失时尚感，穿出了街头风。时髦个性的外套，流苏休闲短款外套为纯黑的造型增添了几分随性洒脱，慵懒又不失潮流范儿。

黑毛衣配上黑色牛仔裤，这样潇洒帅气的搭配造型，不管是上班，逛街还是休假旅行都可以。轻松营造出随意感，整体给人一种干净利落眼前一亮的感觉。黑色的毛衣其实也是百搭之王，配各种裤子或裙子都是可以的，除了全黑，还能配各种颜色。

夏天可以穿黑色一字露肩的上衣，搭配不同的裙子或裤子单品。与不同风格的衣饰搭配，显得时髦又不乏趣味性。露肩的设计显现出一丝丝性感，女人味十足。

（2）黑色连衣裙

不管是在什么场合，不同款式的黑色裙子都能轻松穿出你想要的风格。西装连衣裙带着一点小甜美小性感却又酷酷的感觉。V领的设计正好露出锁骨的宽度，超级修身的设计和颈部的弧度，性感得优雅又浪漫。金丝绒性感修身连衣裙的黑色冲击，体验到不一样的视觉效果，炫出自己的独特魅力！

（3）全黑搭配的小诀窍

即使全是黑色单品也要穿出层次对比感。黑色也分深浅，不同质地带来不同的光泽度，所以，要在这里花点小心思，譬如棉质打底衫、粗织毛衣、呢质外套、皮革机车外套、毛绒背心、皮裤等，这些黑色单品本身就可以混搭，让黑色搭配出层次感的同时再塑身材比例。

尤其是毛色光滑的皮草背心和皮革外套，将各种黑色包裹起来，在最外面以一种柔滑的光泽映亮脸庞，整个人都变得更加灿烂。纯黑中添点亮色，譬如包包、鞋子、帽子，这些小点缀完全可以随意搭入一些大胆色调。比如黑和金就是对搭配上的好朋友，尤其是玫瑰金，更显柔和优雅，如果你穿着纯黑通勤装，可以选择玫瑰金腕表、金色细腰带，或者选择带有金色纽扣、拉链等细节的黑色单品。这些闪烁金光就像夜空中的繁星，让黑色显得更深邃，同时也让你的整体形象不至于太过沉闷。

如果觉得黑色显得太沉闷太呆板，又不想脱掉黑色，不妨来一点小面积的亮点，打破黑色的沉闷感。或者用华丽的配饰，来强调黑色的奢华感。在保守的黑色中加上奢华的元素，纯黑的装扮更加高贵、神秘、奢华。

8. 豹纹，性感神秘的气息

豹纹，也是职场女性穿搭中的经典元素。豹纹给人的第一印象永远离不开性感、神秘、狂野、妩媚。豹纹与生俱来的野性很难驾驭，而且过于性感和神秘，在中规中矩的职场并不适合。但实际上，豹纹野性却不失优雅，搭配得当，也会让你的职场装眼前一亮，甚至成为职业装的一部分。不过，由于豹纹的性感特性，身在职场，你还是要酌量运用，再美丽的豹纹，只有与职业角色完美调和，才能助你成功上位。最好不要大面积使用，小范围的点缀就能够让你过足豹纹瘾，整体简约的搭配还能让美丽升级。

刚参加工作，还没适应社会角色的转换，对于生硬死板的正装总有种恐惧的心理。从亮丽的小西装开始吧，甜橙般的颜色衬托出粉嫩的肌肤，少许的豹纹装点在袖口和口袋边，彰显着俏皮气息。白色的帅气小西装，袖口和领口搭配小面积豹纹，在简洁利落中融入了优雅的气质，体现出职场的精致和优雅。夏天可以穿豹纹拼接的白色连衣裙，细碎的雪纺百褶裙用纤细的腰带搭配，有种小巧玲珑的美妙感。从后背蔓延至前胸的豹纹，端庄和性感的结合，打造前后不同的风格。相对于整件服饰来说，豹纹只出现在边边角角却能有惊鸿一瞥的效果。黑色连衣裙在向上卷起的衣袖内侧拼接豹纹图案，成为了全身的画龙点睛之笔，从细枝末节处寻到豹纹的身影，时尚靓丽又不乏个性。

气质稍成熟、气场强大的职场熟女，可以选择范围更大一点的豹纹。例如内搭背心、T恤等，豹纹出现在衬衣上也不再新奇。可两面穿的豹纹马甲，将豹纹穿在外面用自身强大气场来演绎，不过要注意打底与裤装都要非常简单。

相对于深色豹纹而言，浅色豹纹更好穿一些，而且年轻度、活力感都比深色豹纹要来得强烈。优雅大气的黑色精致包臀裙，搭配修身的豹纹中长款西装，整体气场强势且稳重，使职场变成你的狩猎场。一身豹纹印花连衣裙，简简单单的样子却可以穿出明星范儿。修身豹纹大衣，用尽妩媚气质，轻松成全你的窈窕曲线，想显瘦就是这么容易。亚光丝巾搭配豹纹包，足以使你成为办公室的焦点。黑色呢子大衣加上豹纹连衣裙内搭，又是另一种职场风情。

豹纹给人的感觉除了性感，其实也可以很酷。黑色光面宽松衬衫，配搭豹纹短裤，修饰长腿。豹纹九分袖前短后长的外套设计上很有淑女风，配搭一款民族风十足的流苏围巾，很有品位，配搭一款墨绿色的小脚裤，很是修身。一席光面豹纹印花连衣长裙，雪纺透视袖设计，把传统野性的豹纹修饰得甜美不刺眼。搭配一款黑色小礼帽，高跟短靴，逛街约会就能轻松自如了。炭灰色的斗篷大衣配搭加长款豹纹围巾，把简单沉闷的灰色演绎得生动俏皮，配搭一款黑裤袜，很别致。豹纹印花连衣裙，简简单单的样子却可以穿出明星的街拍范儿。

因为豹纹具有百搭性，所以它可以随意被安排在任何穿搭上，并且都不会显得很奇怪。衬衣上、丝巾上、包包上、鞋上，都会有惊艳的效果。豹纹单鞋散发浓厚的女人味儿，性感、妩媚。脚上的低调装扮却因为豹纹的点缀而化作高调的穿搭姿态。豹纹除了出现在服装上，围巾上也少不了它的身影。一款豹纹围巾，简单地搭在脖子上，显得随意又大方，混搭感十足。

豹纹自含的性感总是被无限放大，以至于大家通常不敢将之穿到职场，其实豹纹不仅性感狂野，也妩媚优雅。先了解豹纹的特质，才能穿搭好豹纹服饰。

9. 用好三色原则，搭好色彩，气质陡增

三色原则，即全身上下的颜色最好不要超过三种，这是在国际礼仪规范中被多次强调的一个重要原则。最初是专门针对男性正式场合的着装而言的。男士在正式的场合以穿西装为主，西装要穿得合体、优雅、符合礼仪规范，就一定不能违背“三色原则”，即男士全身上下包括衬衣、领带、腰带、鞋袜不能超过三种颜色。这是因为从视觉上讲，服装的色彩在三种以内比较好看，给人沉稳大方的印象。一旦超过三种颜色，就会显得杂乱无章，轻佻张扬，失去了庄重和大方。颜色越多越会削弱男人精明强干、卓尔不凡的形象。

国外有一位很有名的政治家，就曾因一件由五种花色的大

格纹拼成的衬衫而饱受诟病，这件五颜六色的衬衫也被戏称为“鹦鹉衬衫”。而且当时他还在这件衬衫内搭配了玄色高领打底衣，穿了一条高腰裤，西装居然是紫色的，整体看起来就像一个调色板。民众大发议论，也使政治家的支持率大幅下降，最后竟然不得不辞去了其担任的重要职务。虽说辞职原因并非是因为这件“鹦鹉衬衫”，但“穿错衣”事件确实是一个间接的因素。

* *

可见穿错衣服，搭错颜色，看似小事，有些时候却也可以成为影响未来的大事。所以，绝不能小看穿衣打扮的影响力。

对于职场女性而言，“三色原则”同样适用。一般而言，在服装的色彩和式样选择上，女性比男性要丰富得多，也宽松得多。在一般场合，女性穿着色彩斑斓的服装同样风情万种，也无可指责。但是在职场，对女性的着装要求则会严格很多，总体来说仍然要以沉稳大方为主。职场不是卖弄风情的地方，是表现能力和获得业绩的地方，这对于男性女性都一样。全身色彩的数量与一个人的风格、气质息息相关。整体色彩的数量越少，越能体现优雅的气质，并且给人利落、清晰的印象。职场女性在正式的场合，不超过三种色彩的穿着，绝对不会让你出错。所以，职场女性同样要牢记穿衣的“三色原则”，谨慎选择颜色，千万别让自己穿得像打翻的调色板，身上色彩斑斓像开了染铺，那样只会给人一种身份低下、地位不高或是能力不强的印象，对女性的职场发展可没有好处。

不过，职场女性在运用“三色”原则时，以下几点需要特别注意。

一是“三色原则”指的是有彩色系，不包括黑白灰，即在穿衣时注意身上的有彩色系不超过三种即可。如果我们身上穿的主色调是黑白灰这几种颜色时，可以适当加入一些亮色，因为黑白灰是中性色，属于无彩色系。很多职场女性为了保险，多选择穿一身黑色的套装或是白色、灰色的正装，最多来个“黑白配”或是“黑灰配”。其实这并非真正的“三色”，反倒会使自己的穿着过于暗淡和沉闷，适当地增加一点亮丽的色彩，比如加一枚银色的胸针、搭一根色彩鲜艳的丝巾，又或者是一个亮色的手包或皮鞋作点缀，一定会增色很多，在保持亮丽和优雅的同时，保持职场“信任度”。

二是要掌握主色、辅助色和点缀色的运用。主色就是全身色彩面积最多的颜色，至少占60%以上，主要是大衣、风衣、连衣裙、套装等；辅助色是与主色相搭配的颜色，占全身色彩面积的40%以下，通常是裤子、内搭的打底衫衬衫等；点缀色一般是配饰，比如包包、围巾、耳钉，也可以是唇色，面积占比不大，但往往能起到画龙点睛的效果。

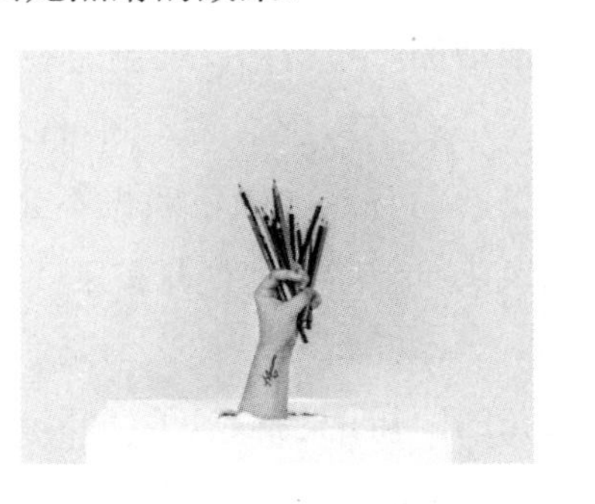

三是色彩的运用也要与自己的身材、气质、年龄和身份相适应。身材小巧的人，最好不要选择色彩复杂、图案线条宽大的服装，一般来说，身高、气质不够时尚、艺术的人，难以驾驭复杂的色彩组合。气质恬美、优雅的人，不要选择凌乱的色块组合，或色彩对撞、搭配复杂的服装；五官立体、个性鲜明的人，可以穿着多种色彩的组合搭配，并且能够驾御色彩的对比搭配……所以，确定全身色彩的数量时，先了解自己的色彩属性，并根据自己的气质特征搭配服装，才是最正确的选择。

当然，“三色”禁忌，也并非牢不可破。如果职场总是西装套装或衬衫搭西装裤的组合，不超过三色，或者是简单的“黑白灰”，这样的穿法虽然正式，却比较死板。在时尚的潮流下，“混搭”风早已将“三色”原则抛在了一边。职场虽然不能毫无原则地“混搭”，但偶尔破一下“三色”的禁忌，也并没出错。利用一些简单又平价的单品，相互组合，既保有职场上的专业，又不失时髦，更借由好的穿衣搭配，打开全新的职场生涯。但正装混搭要注意，毕竟是在严肃的工作场合，上班着装可以个性但不要太过浮夸，可以打破三色，但把调色盘穿到身上却是不合适的。多出来的颜色搭配一个靓丽的包或是一条丝巾，比较合适。

用绿色作底色，以绿色针织衫内搭基础款白衬衫，突出清爽干净的职业风格，再搭配黑色高腰西装短裤和改良长马甲，展现中性主义风格，又不乏知性优雅。还可以搭配一点小面积的撞色，突出亮眼效果，比如有红色修饰的手包。

以黄色作底色，可以穿明亮的黄色打底衫来衬托蓝色小外套，是最基础也最保险的搭配方式。具有宫廷风格的靛蓝小外套是搭配关键，既与黑色裤装色调统一，又与明黄打底衫形成对比。有了上半身鲜明的对比色，裤装与配饰用最经典的黑色突出强势感即可。而鞋子则可以巧妙地增加一种粉色或红色的装饰，突出混搭的效果。

若是深色套装，则可以搭配不同颜色的手包或丝巾，突出混搭的效果。而且这些颜色面积不会太大，点缀性强，不会在总体上抢走主色的风头，因而，即便打破了“三色”禁忌，也依然很得体。

印花裙一般被认为是职场禁忌，但是用白衬衣加上小西装，搭配印花的短裙，色彩多了，却清新可人，一点也不显得乱，简洁的白衬衫是衬托印花元素最好的单品。黑白印花连身裙种类众多，挑选不规则形状的几何图案连身裙，既符合职业女性的工作形象又不会过于沉闷。外面再搭一件手感和质料都不错的针织外套更符合通勤女性的身份，不过分张扬，也不会模糊焦点。不过要注意，印花部分不要多于全身服装的三分之一，色调以两种为主，春季可以多选用绿色、蓝色等清新的色调，打造随性而优雅的感觉，千万不要用力过猛，将印花元素布满全身，让其成为点睛之笔才是聪明女人的选择。

打破“三色”禁忌的关键是主色不变，混搭点缀的色彩。比如用纯蓝西服镶白色边，使得套装整体更和谐，打底的彩绘T恤，虽然撞色，有丰富的单色块的搭配，却同样装扮出清爽的职业模样，这样简单、清新的装扮也会让一天的工作都轻松起来。

每个人每天几乎有三分之二的时间是在职场上的，要么就是在上下班的路上，因而，职场上的穿着不但代表着你的职业形象，而且还代表着你的个人风格和品位。如果公司没有特别硬性要求的话，那么偶尔打破一下禁忌又何妨？穿得更时尚更靓丽一些，工作时的心情也会很好，工作效率也会提升的。

第六章

拥抱春夏秋冬，搭配四季的浪漫和缤纷

季节不同，穿着打扮不同。春夏秋冬，各有各的特色，我们的服装搭配也要应和四季的脚步，搭配出不同的风采，与季节共舞出绚丽与缤纷。

1. 白色系随意配，演绎春天的清新可人

春天是一个清新的季节，在穿着上当然也要适应这个轻快的节奏，在所有颜色之中，白色是一个永远百搭、时尚的元素，白色衣服在春季穿最合适，清新又优雅。无论哪个年龄段的女性，白色搭配都是减龄的头号选择。同时白色又是一种干练、简洁、有力量的的颜色，作为办公室的着装搭配也是最经典的选择。不管什么样的白色单品，都能搭配出只属于春天的大牌风范。

（1）白色上装

白色上装包括小西装、毛衣、卫衣、衬衫、T恤等，都会带来清新而纯洁的感觉。白衬衫、白T恤衫更是最容易搭配的春季美衣。白色系的上装，其实怎么搭配都好看。

早春时分，春寒料峭，白色的圆领套头毛衣，搭配西装裤和板鞋，满满的活力与俏皮。白色的卫衣或是帽衫这时候也可以派上用场，配裤子配裙子都可以。不过上班时有点不太正式，最好外面再搭一件外套。

天气再暖一点，白色小西装登场，带来清新明亮、生机勃勃的观感，干练又有气质。白色短款小西装或是有荷叶边设计的白色小西装，适合于各种的场合。剪裁合身的小西装显得干练利落，搭配波点上衣和黑色长裤、黑色高跟鞋，非常职业。白色小西装也可以配黑T恤和黑色长裤、牛津鞋，时尚又清新；配白T恤衫和牛仔裤、帆布鞋，清新又舒服，更适合日常出行时穿。白色西装配白色长裤，搭配金属手镯，在哪种场合都是高贵典雅的穿着。白色修身小西装配刺绣上衣和西装裤，花朵元素呼应春日主题，精致又浪漫。白色小西装还可以配连衣裙、碎花裙、包臀裙、衬衫裙……各种款式都配得上，搭配高跟鞋精致又知性，女人味十足，实在是春天最需要的单品。

至于白衬衫或白T恤衫，无论是基本款还是特别款，是长袖还是短袖，绝对都是“百搭之王”，怎么穿都好看，怎么配都得体。白衬衫搭配紫色蕾丝包臀裙，颜色唯美浪漫，材质精致华丽，既端庄大方，又穿出了曼妙身材和浓浓的女人味。宽松款的白衬衫外搭浅蓝色的毛衣背心，清新可爱。经典百搭的基础款白衬衫，则会带来知性气质，搭配紧身裤和高跟鞋，知性优雅，如果觉得单调的话，配一条豹纹丝巾，尽显时尚魅力。雪纺材质的白色衬衫凸显淑女气质，轻盈的材质显得精致而飘逸，展现女人柔情似水的一面，搭配缤纷绚丽的印花短裙，浪漫柔美，把春天的繁花似锦穿上了身。而白色清新小波点的衬衫，搭配什么都有满满的学院风。如清新的荷叶立领小波点白衬衫加上黑色百褶裙，再搭配黑色打底裤和黑色短靴，绝对是满分的职场魅力搭配。

（2）白色下装

白色下装包括各种式样的裤子、短裙、鞋子。在寒气依然逼人的早春，白色裤装是许多女性的最爱，既能早早地告知春天的到来，带来清新甜美的气质，又不至于冻着自己。白色百搭休闲裤是早春的宠儿，用七分袖或长袖的T恤衫搭配白色休闲裤和白色的单鞋，是简单又显高的春季职场穿搭。九分的休闲裤也适合这样的搭配，九分裤露出脚踝会更加青春减龄，白色的九分裤无论搭配什么颜色的外套都耐看又时尚，鞋子还可以搭高帮的马丁鞋，更添帅气。背带裤一直都是减龄俏皮的首选，白色的则更加青春。内里搭配简简单单的衬衣就有一种干净清爽的气质。白色款的牛仔裤，纯净的颜色加上牛仔裤的样式，穿起来不落俗套，带着自身的气质与感觉，是清新春天的必备。白色的阔腿裤在春天穿着绝对时髦，搭配裸色的上衣，更有轻盈飘逸的气息扑面而来。

裙子当然也是春天必备的。包臀裙、A字裙、正装裙、长裙都是春天的好选择。修身半裙能提高视觉重点，拉长腿部比例，巧妙地修饰了身型，显瘦修身又时尚高雅。白色蕾丝包臀裙搭配粉色雪纺衬衫，轻松塑造出优雅的淑女气质。白色短裙还可以搭配修身风衣，轻松塑造出优雅的OL气质，尤其适合在办公室中穿着。白色短裙搭配牛仔小外套，则显得个性十足又富有时尚魅力，绝对是春季出行的绝佳搭配。而白色条纹的修身裙更能穿出职场精英的气质，修身的半身包臀裙加上一件宽松款式的上衣就足够时尚优雅了，白色条纹裙更加精致。长裙更好搭配，不论是配T恤还是衬衣，都非常修身，外搭小西装或者外套，气质满满。

（3）连衣裙搭配

白色连衣裙最能突显女性的柔美和清纯味道，穿着如仙女一般。带蕾丝的连衣裙更是有一种公主的高贵和典雅。这样的连衣裙配上一双小白鞋再搭配草帽，非常清新。中长款文艺范儿的连衣裙，最能显出气质，文艺范儿十足，最适合斯文秀气的女性在春天演绎出纯美和可爱。

（4）白色风衣和外套

春天不能少了外套和风衣，而白色系的风衣和外套，不仅保暖，更显气质。

白色的风衣穿着很讲究，搭配连衣裙、短裙或是裤装都适合，但衣服的质地要好，才能更显气质。白色风衣外套搭配黑色格子连衣裙和黑色罗马高跟鞋、黑色手包，整套搭配透露出知性魅力，韵味十足。搭配绿连衣裙和高跟裸靴，清新唯美，个性又不失女人味。白色收腰风衣搭配暖色长袖T恤衫和黑色打底裤，加黑色单鞋，干练又帅气。

白色外套可以搭配T恤衫、长裤和单鞋，还可以搭配牛仔裤，如西装领的白色外套加黑色T恤衫，搭配蓝色卷边牛仔裤和黑色平底单鞋，轻松打造出干练的春季职场造型。短款修身皮衣外套好看又有型，不管搭配连衣裙还是黑色裤装都好看，搭配马丁鞋更是有型。牛仔短款的白色小外套搭配浅蓝色娃娃领衬衫和黑色小脚裤，再配一双时尚高跟短靴，给人干练的感觉。

在五颜六色的春天，白色系是最百搭美丽、清爽怡人的单品，绝对是衣橱必备的单品。

2. “森女系”的浪漫和随意是春天的开启方式

所谓森女，就是“森林女孩”的简称，是指崇尚简单、舒适和自然，着装打扮像是从森林中走出来的女孩。真实、质朴、不做作，崇尚最自然简单的生活，花最少的钱过最有品质的生活，衣服怎么舒服怎么穿，做事简单直接。

“森女系”就是指她们的着装风格，非常贴近自然，既浪漫又随意，喜欢天然的织物，服装一律以棉、麻、丝、毛等天然材质为主，颜色基本上选择富有大自然气息的大地色、裸色或暖色，以传达温柔安静的气质；服装图案偏重于田园风，碎花、方格、条纹、民族图腾及大自然图案，间或搭配刺绣、毛线织物等带有质朴的手工打造印记的配饰，看起来温暖随意而有趣。整体风格上，“森女”们追求宽松、随意，散淡、粗犷中追求精致细节；在穿搭上，她们是混搭先锋，而且常常不按常理出牌，喜欢将某些既定的搭配方案打破，但万变不离其宗，“森女”穿着整体上总带着一点甜美怀旧的感觉。平底圆头鞋、帆布包、二手皮箱、大披肩、超长围巾、复古饰物以及用玉石、羽毛等天然材料制作的饰品，都是她们的最爱。

职场中的“森女系”，有一点江湖中小龙女的意味，不争不抢，带着点遗世独立的飘然仙气。而在春天，把森女系的自然情致引入职场装扮，既有春天的浪漫，又有森女的随意，还有职场的冷峻和俏丽，是另一种清新的打开方式。

比如，用衬衫外搭配印花等流行元素的外套，很好地避开职场中穿着的严肃刻板，在春天里为自己适当添加一些“时尚元素”，绿色的半身外套加上黄色的碎花长裙，和一双平跟的刺绣布鞋，简洁利落又时髦。打底裤或丝袜的颜色也不要拘泥于黑色一种。适当的和主色调统一，裸色或是自然色让形象更加清新。黄色、绿色这样的植物色系都会让人眼前一亮。白绿条纹套裙加以蕾丝内衬搭配，半高跟的皮鞋显示的正是你的职场“柔实力”。

波点和条纹衫，也具森女属性，再搭配一条自然色的围巾，早春的天气里别具个性。

想要穿出干练气质，就在格子衬衫和黑色小脚裤外面，穿一件灰色西装大衣，百搭的黑色单鞋，简单又美丽。

而又萌又美的小清新森女，莫如小格子娃娃花边的宽松连衣裙了，九分袖的设计，正是春天最适合的款式。领口、袖口的小花边，非常精致。要是觉得太萌了，外搭一个披肩或是针织小衫，简约清新，有型又有味儿。

田园风的小翻领超长款连衣裙，拖到脚面，白色或是红色或是蓝色的碎花图案，都非常好，配上精致的包布扣，和春天轻巧地融在一起，充满着迎春的气息。

还有小碎花的棉布长裙、麻质连衣裙、小方格衬衫等，都是可以在春天搭配严肃刻板的职业装的森女系单品。棉麻面料，更加舒适和随意，让春天的每一个日子里都有好心情。

3. 柔媚飘逸的裙装，清凉度夏必备

裙装，是最能体现女性风采的服饰之一。无论是东方女性还是西方女性，只要穿上飘逸摇曳、婀娜多姿的裙装，便将柔媚、婉约、娉婷、清丽的风姿展露无遗，给人视觉上的美妙和心理上的愉悦。

女性的夏天，无疑是裙装的世界，既清爽凉快可以安心度夏，又柔媚飘逸能最好地展现女性的美，所以裙子绝对是每一个女性的夏日必备。

夏季裙子的面料非常多，有质地轻薄而通透的透明型面料，具有优雅而神秘的艺术效果。包括棉、丝、化纤织物等，例如乔其纱、缎条绢、化纤的蕾丝等；有柔和贴身、吸湿性、透气性甚佳的棉麻布料，也有轻薄柔软、滑爽透气、色彩绚丽、高贵典雅的丝绸面料，以及各种各样的现代化纤面料，如雪纺、氰纶、涤纶、氨纶、天丝、丝光棉、棉麻混纺等各种材料，这些材料都适合夏天穿，只要喜欢，选择什么样的材质都好。

色彩和图案就更多了，纯色、花色、格纹、条纹、暖色、冷色、深色、浅色，花花绿绿、大红大紫，抽象写意、花鸟山水，只要喜欢，只要适合自己，都能穿成夏日独特的风景。

至于款式，长裙、短裙、半身裙、连衣裙、包身裙、背带裙、吊带裙……也是应有尽有，想怎么穿都可以，夏天真是女性最爱的季节！

不过裙子也要讲穿搭配，搭配有方，穿出来才好看。白领女性，做工及面料上乘的夏天套裙装是首选，通过质地不错的面料，合体的剪裁以及精良的做工，来显示职场女性的优雅魅力。精挑细选，精心搭配，才能把裙子要穿出品位，穿出个性，穿出妩媚，穿出韵味来。

（1）时尚短裙搭配

除了超短裙不适合职场外，膝上三分的短裙和及膝裙都可以选择。

基本款的白衬衣搭配基本款的黑短裙，是职场的经典搭配，不过颜色不必如此单调，还可以选裸色、绿色、蓝色、黄色、红色的衬衣和桔色、棕色、藏青色、深蓝色、白色等颜色的短裙，搭配着都会很好看，优雅而明亮。

喇叭裙透出的是青春的符号，简单的T恤衫搭配一件小喇叭裙立刻变得与众不同，夏季的清凉和小女人的清纯扑面而来。或者用纯白色荷叶边装饰的无袖衫，搭配浅蓝色的喇叭裙，更有风情。碎花或是印花的短裙搭配这样的上衣，让简洁、时尚更加明了。

夏日里清凉装扮流行，稍微保守一点的及膝裙反而显得独特而风情万种，含蓄优雅的及膝裙能修饰下半身缺陷，显瘦功力十足，同时勾勒出迷人的身材曲线，是职场轻熟女的必备单品。搭配职场的正装衬衫或是有特色的小衫，都很精彩。

（2）时尚半身裙

半身长裙长度刚好到达小腿腹部，能露出脚踝部的美丽弧度，修身效果特别是对于腿部不太完美的女性来说，太合适不过了。一条随风飘扬的半身长裙，出门上街还是海边度假都是不错的选择。不仅能掩盖下身的赘肉还拉伸了身材比例。

半身裙的搭配方式有无数种，只要注意配色和打造高腰线，都能轻松穿出性感气息。像基本款白T恤衫、白衬衫、牛仔衬衫、格纹衬衫搭配包臀裙都很好看，可以根据不同的风格来选择。如套装叠穿搭配中长款的半身裙，小西装外套内搭长衫和中长裙，职业混搭风格，典型的休闲女白领的装扮。

（3）时尚长裙的搭配

夏天的长裙无疑是高个子女性的最爱，因为这种长裙最能显出高挑的身材，但别以为这种长裙飘飘的仙女气质只有身材好的女性才能演绎得出来，俄罗斯时尚编辑米尔斯拉维（Miroslava）身高只有155厘米，但她最爱长裙，而且每一款都能穿出仙女般的气质来。可见只要搭配得当，长裙同样能让个子小巧的女性气质爆棚。如杏色网纱半身长裙搭配绿色T恤：杏色半身长裙凸显女性温婉的气质，层叠的裙摆，轻柔飘逸很有质感，层叠的网纱中隐约透出腿部的性感，看上去非常具有诱惑力，上身搭配绿色T恤，与杏色搭配很协调，夏天穿着清新自然，大方舒适。

民族风半身长裙，优雅动人。平底鞋来搭配，复古迷人，加上复古民族风的设计花纹，穿在身上很有个性。

碎花半身长裙也很受欢迎，搭配深色系短袖T恤，夏天穿着透气飘逸舒爽，碎花图案清新自然，搭配平底鞋，一样好看。

淡雅清新的白色半身长裙，是夏季最流行的色调，上身配一件浅蓝色短袖上衣，搭配起来特别仙气，有女神风范，半高跟的正装鞋，美丽时髦。

不过半身长裙也要选择适合自己的才会显出气质来。这就需要了解自己的风格、身材、穿衣习惯。H型或A字型半身裙可以将姣好身材展露无遗；不规则款半身裙打破了常规，不再拘泥于衣服的一板一眼，平整对称。使用不规则的剪裁来让人跳脱到规则之外，感受不对称的美；百褶半身裙是公主裙的简化版，能够日常穿着不显浮夸，不管是纯色还是大面积印花，穿上都会尽展魅力，适合所有身材类型的女生穿；包臀半身裙能够突出身材的一切优点，却也能够暴露出一切不足之处，它对身材要求很严格，较胖的身材不宜穿这种类型的半身长裙。

（4）时尚连衣裙的搭配

连衣裙无疑是最容易选择的夏日裙装，最大的好处就是不用费心思地去想怎么搭，找到合你身形的、柔软舒适的面料，就能穿出夏日的清凉和美丽。

白色连衣裙，独特的款式设计演绎一场全新的视觉盛宴，既能拉高腰线显腿长，还能显得腰部更加纤细，飘逸如灵动的舞者。蓝色绒面质地的连衣裙，高贵有质感，加个配饰打造层次即可。七分袖的蓝色牛仔连衣裙，温柔中带点儿妩媚，百搭实用。搭配个复古牛皮手提包，轻松满足日常各种场合的需求。雪纺和波西米亚风格的裙子，不用过多的装饰，本身就是一道风景线。

夏日裙子的款式这么多，任意挑选心仪又适合自己的款式和颜色，一定会把自己打扮得漂亮高雅，清凉舒适。不过，职场女性穿裙子一定要注意下面这几点：

一是不要穿黑色皮裙

黑色皮裙在国际社会，尤其西方国家，被视为特殊行业的服装，通常是站街女郎用来标示身份的。所以，一般女士在穿着裙装方面首先要注意这个问题。越是正规场合，越不能穿黑色皮裙。

二是正式场合不光腿

光腿穿裙子主要是为了凉爽，夏季时在普通的休闲场合，女性穿裙装时可以光腿。但在正式场合却不适宜光腿，否则不仅影响职业形象，也更容易吸引异性的目光。

三是不露三节腿

所谓三节腿，是指女性穿裙装和袜子时搭配不好，丝袜的长度要低于裙子的下摆，袜口外露形成丝袜、小腿皮肤和裙子“三节腿”。有人觉得光脚丫不好，高筒袜又太热，就改穿短袜，结果形成恶性分割；有人也认为应该穿高筒袜，但到了下午觉得太热，就把袜子卷一卷，露出三节腿；有人也穿袜子，但裙子太短，连膝盖都到不了，这也成了三节腿。

四是不穿太暴露和性感的裙装

如果是在休闲时间，女孩子穿裙装时完全可以在自己能接受的尺度内穿得靓丽性感些，没有任何问题。不过，在正式场合职业女性应避免穿太过暴露或太性感的裙子。一般来说，裙子应到膝盖或以下，同时不适合穿太紧身的裙子。

五是不能忽略裙装和鞋袜的搭配

和男士在正式场合穿西装正装相似，女士穿职业套裙不能穿便鞋，一定要裙、袜、鞋相搭配，达到整体协调。一般来说、职业套裙、制式皮鞋和肉色或深色丝袜是比较常见的搭配。

着裙装时，应当充分利用裙子的修饰美化作用，使自己体形的完美部分得到充分展示，不足之处得到掩饰。不得体的裙装，不管多么新颖时髦也不会给人以美感。所谓得体，就是要宽松适当，长短适中，裙装造型与体形特征互补互衬。

4. 经典小黑裙，让不知如何穿搭的你简单大方

人们常说，女人的衣柜里，永远缺少一件衣服。说的就是女人对衣服的追求是永无止境的。小黑裙，是女人衣柜里最必不可少的一件，经典的小黑裙百看不厌，能显气场，升气质，还超级显瘦，能集性感、个性、神秘、优雅等气质于一身。一条小黑裙能让你省心又时髦，不管什么时候，不知道穿什么时，穿条小黑裙准错不了。这是最简单大气、不费心思却尽得精致品位的选择，无论是典雅高贵的礼服裙，还是清新简约的日常款，抑或是怀旧精致的复古款，千变万化的小黑裙总能为你的搭配带来最丰富、最彻底的改变。

简约的V领设计的小黑裙，修饰脖颈又凸显精致的女人气息，高腰线的设计很显精神，拉长腿部线条，轻松穿出瘦高的感觉。搭配黑白拼色厚底鞋增高又很有摩登气息，配上一款亮色斜挎包，分分钟穿出潮人范儿。

斜肩款的小黑裙，看似简单，其实非常好看，小小的露背设计，可以充分展现出迷人的背部线条，合理得体的剪裁，稍高的腰线设计让身材比例更加完美，凸显曲线的同时又能很好的遮住赘肉，职场和日常穿着都很合适。搭配尖头平底鞋可以让身材看起来更加高挑，而且美貌舒适两不误。小黑裙最大的优点就是百搭无禁忌，不管是什么样的女人，都能找到一款适合自己的小黑裙，穿出与众不同的精彩。

黑色蕾丝无袖小黑裙，质量和做工都非常棒，时尚、百搭、简约、大气，适合多种场合穿着，黑色和蕾丝的搭配，将稳重端庄和柔婉妩媚的气质都凸显出来，搭配亮色的手拎包可以打破黑色的沉闷。

细肩带设计的小黑裙，性感迷人，可以作为晚宴或是下午茶时的小礼服，复古俏丽，又流露出自然的高贵气质。

娃娃领黑色背心打底小黑裙，选用收腰褶皱的下摆，起到很好的修身作用，青春俏丽，还有一些少女的萌味。

黑色蕾丝打底小黑裙，蕾丝花纹营造朦胧的美感，蕾丝总是有着不俗的表现力，镂空蕾丝绣花非常精美，拼接着黑色的罗马拉架面料，增强了若隐若现、旖旎性感的视觉效果。黑色的运用对肤色也有不错的衬托效果，感觉优雅大气，演绎着轻奢美，最适合与闺密约会或是观看演出时穿着。

一字领短袖礼服小黑裙，适合各种各样的正式场合，有设计感的小黑裙，是性感又神秘的百搭神器。优雅很显气质，裙子的长度到膝盖下面一点，这样的长度会比较复古，小女人味儿十足。

当然，除了这些还有很多款式的小黑裙，可以根据自己的身材、场合和喜好选择自己最喜欢的款式，因为百搭，多选几条也无妨。

5. 与时尚潮流挂钩从秋天的灰色开始

灰色是秋冬的主色调之一，不是灰色的心情，而是灰色的穿衣搭配。早秋的灰色搭配，不经意地走起极简的“色彩冷淡”风格。随着大家对极简风格的热爱，作为秋冬基调的灰色，深受职场女性的喜爱，时尚和潮流几乎都从灰色开始，而且衣服中灰色调占的比例越多就越显得高档。各种灰色系的时髦装也开启了初秋的浪漫之旅。

灰色雪纺连衣裙和坡跟鞋的搭配，淡淡的灰色很显优雅的气质，精致的弹性收腰将女性的纤腰完美衬托，轻松打造窈窕的身段。细腻的荷叶边和褶皱打造出丰富的层次感，恰到好处的点缀显得精美而不夸张，是初秋的精致搭配。

灰色荷叶边雪纺衬衫和暖色调的包臀裙，同样是初秋职场的经典搭配，轻薄的雪纺正好适合秋季穿着，荷叶边轻柔摇摆，尽显婀娜多姿。搭配暖色系包臀裙，冷色调马上活泼起来，让秋天的心情更加明朗。灰色百褶连衣裙搭配短靴，则又是另一种活力和妩媚。学院风的百褶裙和黑色短靴，减龄效果极佳，活力四射。

灰色棉麻衬衫，像阳光一样温暖。灰色素雅的颜色，挺括的轮廓，赋予了女人独有的细腻感。高领灰色毛衣，开放的袖子，加上红灰撞色的设计，碰撞出时髦的个性。搭配阔腿裤打造帅气风格，搭配半身裙，营造出女神慵懒的气质，各种风格随你搭配。

稍冷一点，可以穿上灰色高腰针织衫外搭白色背心配黑色休闲裤，简洁又时尚。整体以黑白灰搭配，干净利落又时髦，最适合初秋的职场。对稍胖一点的女性，不妨把高腰针织衫换成灰色蝙蝠针织开衫，内搭黑色T恤衫和白色牛仔裤，同样的黑白灰，却另有一种的利落和帅气，完全看不出任何赘肉的痕迹。

灰色系的上衣搭配也是秋天灰色的潮流之一。灰色羊毛呢小西装搭配黑色紧身连衣裙，端庄而洋气，很有大牌风格。一粒扣灰色格纹西装，赋予了西装全新的生命，搭配职业款的短裙，绝对是精英的装扮。宽松显瘦灰色西装，可以和衬衫或者T恤衫随意搭配，性感十足。

韩版的灰色风衣，宽松慵懒的双排扣，显瘦效果绝佳，搭配小脚裤和马丁鞋，走在初秋飘散着落叶的小径上，尽显潇洒和帅气。

下装当然也可以尽情地选择灰色。高腰灰色系带阔腿裤，可以根据身材的胖瘦自定松紧程度，实用又美观，个性十足。高腰长版型的设计，拉长腿部的线条，显高显瘦。灰色的一步裙、灰色的长裙，搭配外面的小西装或是风衣，都是秋天的风景。

6. 长靴和马甲，秋天不可错过的搭配

对很多职场女性来说，马甲都是超爱的一款单品，特别是秋季，早晚天凉，白天却很热，一款既修身又保暖的马甲完全可以随时穿脱，既可保暖，又不失美丽。搭配长靴，更是极其时髦，是秋天不可错过的超级舒适又帅气的打扮。

针织连衣裙搭配一件皮草装饰的长马甲，与高筒靴和彩色裤袜搭配穿着更完美。一件简洁的带有装饰图案的连衣裙可以轻松地塑造出可爱的形象。混合色彩针织连衣裙柔软、温暖又可爱，搭配牛仔裤效果的紧身裤袜、褶皱筒靴，以及一件时尚度非常高的皮草装饰小马甲，制造出

甜美、时尚的味道。这样的组合搭配，最显秋日的潮流感。

棕色的打底衫搭配拼接款式的棉马甲，下半身穿上米色的工装裤和中长筒靴，是充满活力的秋装搭配。

蓝色立领收腰皮革马甲，搭配黑色包臀裙和长靴，瞬间凸显好身材。马甲高贵时尚，立领、收腰、蓬松下摆的设计，轻易就能塑造出婀娜多姿的身段。

黑色连帽皮草马甲，设计休闲时尚，纯黑色的版型不仅显瘦又百搭。搭配长袖T恤衫、黑色紧身裤和黑色长靴，帅气又性感。

羽绒马甲内搭长款条纹T恤衫和瘦腿裤，再加一双长靴，非常帅气。若把T恤衫换成针织衫，也是很好的搭配。这样的搭配是最常见，简单又不会出错，但是也要把握好对色彩的运用和款式的选择。如果是白色的羽绒马甲，想要搭出粉嫩而又率性的感觉，可选择深蓝的针织衫和浅粉色的长裤，与黑色的长靴搭配帅气感十足。

羽绒短马甲配花纹衬衫和牛仔裤，搭配黑色长靴，颜色的夸张亮丽非常重要，长款衬衫与短款马甲，长短对比中展现出混搭的随意、前卫。

白色的羽绒马甲与粉色的连衣裙粉嫩到无法形容，穿在身上即可碰撞出甜美的火花。在腰部加入黑色的漆皮宽腰带修饰腰线，与粉色相撞为时尚感加分，成就甜美的时尚达人，搭配黑色的长靴，非常温暖、可爱又漂亮的混搭，绝对让你成为冬日的焦点。

7. 喇叭袖上衣搭配烟管裤，把深秋的浪漫穿到骨子里

所谓喇叭袖，指袖管形状与喇叭形状相似的袖子。最近几年，这种很有欧洲宫廷贵族气的袖子开始风靡，迅速成为时尚潮流。不论什么身材的人，都能驾驭。

因为袖子大，遮盖效果好，即使是麒麟臂也能化成花蝴蝶，所以大受欢迎。特别是春秋季节，天气不冷不热，一件长袖的单衣刚刚好的时候，喇叭袖当然最受大家欢迎。

而这样肆意张扬的喇叭袖，与优雅得体的烟管裤搭在一起，在性感与优雅中摩擦出激情，就这样把秋天的浪漫轻轻松松地穿在了身上。

烟管裤，也叫窄腿裤，指裤管纤细的裤子。它最大的优点就是修饰大腿和臀部的，臀部太大比例不协调，腿部太粗没自信，腰胯不板没有曲线都可以试下烟管裤。有游泳圈的女性肯定觉得什么衣服都不能拯救自己了，只要穿上烟管裤，即便有游泳圈也能修饰成让人羡慕的体型。所以说，烟管裤适合所有体型，那么它的流行也就理所当然了。烟管裤也是明星、时尚达人们的喜爱的单品，因为黑色的烟管裤完全没有风格限制，可以优雅、可以商务、可以帅气……复古高腰烟管裤，是永远不落时髦的款式，高腰线和宽臀线的剪裁舒适又显利落；八分烟管裤，百搭显瘦，穿着舒适，微弹小脚修身裤型，时髦又大方；九分小脚烟管裤，独特剪裁的裤脚，俏皮细腻，简单利落，赋予你职场新女性的干练气息，搭配各种衣服都很好看。

用烟管裤搭配喇叭袖上衣，更是最显瘦的搭配。烟管裤上身可以搭配T恤衫、衬衫、针织衫、卫衣……但喇叭袖上衣的搭配无疑是秋天最美

而且最浪漫的搭配。很多沙漏型和梨形身材的人往往会很惧怕裤装，这样会显出下半身的比例，其实一条高腰烟管裤和这种喇叭袖的、稍稍有点膨胀感的上衣，就能打造出完美的曲线。

当然，喇叭袖的上衣，还有更多的选择。带有职场活力的条纹与柔美喇叭袖的设计，在展现出职场女性时尚的同时，轻松穿出了优雅的气质，浪漫喇叭袖从细节处将职场小女人的温婉柔情，轻松释放出来。不管是搭配高腰烟管裤，还是稍微带点哈伦味的烟管裤，都活力满满。而带着小喇叭袖的针织毛衣，搭配高腰烟管裤，在拉长腿部线条的同时，不失知性的干练、利落，更显率性不羁。撞色印花的大喇叭袖上衣，反穿的个性版型，搭配高腰烟管裤，显得年轻有活力，而小小的撞色印花，轻松打破职场的严谨姿态，让时尚和活力尽情展现。

黑色的喇叭袖针织衫，和白色的烟管裤搭配，加上一条小小的丝巾，优雅的小资情调扑面而来。一条飘逸灵动的长丝巾，戴出率性活力的同时，也将秋天的浪漫尽情表达。

总之，对职场女性来说，喇叭袖和烟管裤的经典搭配，在展现出知性优雅的同时，也不失浪漫，是秋叶泛黄、暖意仍在的秋季里最时尚的搭配。

8. 温暖毛衣裙，演绎初冬的柔美

凉凉初冬，温暖的毛衣裙是不可缺少的单品。尤其是追求时尚的职业女性，想在冬日依然拥有甜美形象，毛衣裙的出场也就正当时。靓丽的款型和温暖的材质，轻轻松松俘获了美人的芳心。

长毛衣就是冬天的连衣裙，可以搭配长短靴子和长短外套，而且可以驾驭各种风格。在长毛衣下穿一件更长的衬衫，然后搭配过膝长靴，拎一个皮草手提袋，外批一件低领大衣，就可以美美地去上班；想保暖舒服，又要凸显身体线条，在长毛衣外可搭配一件长长的休闲开襟毛衣，然后穿上一双坡跟德比鞋，露出一小截袜头，背上一个双肩包，就可以融入秋冬的任何一处风景；而长毛衣搭配紧身皮裤、机车靴和短外套，瞬间能变出摇滚范儿。

连体毛衣裙更是秋冬的必备品。用一件精致大衣搭配温暖的连身毛衣裙，既可以穿出时尚简约的气息，也能反映出独特的个人品位。脚下可以穿长靴或短靴，也可以穿优雅的高跟鞋，怎么穿都很好看。

浅灰色贴身连体毛衣裙，搭配黑色短袜和厚底鞋，拎着酒红色单肩包，搭配黑色小礼帽，时尚大气。酒红色宽松连体毛衣裙，长袖长款，透着温柔清新的味道，端庄大方，最适合职场女性。蓝色复古拉绒菱格纹连体毛衣裙，不仅选用好面料，剪裁精致，线条流畅，优雅的感觉更来自于整体的美感，大气经典的版型设计，简洁率性的圆领，双口袋的设计带着一丝俏皮，端庄亦不乏时尚活力，及膝的长度刚刚好，搭配长靴，在初冬的阳光下，温暖又美丽。气质花线混色连体毛衣裙，宽松别致，长度刚刚好，优雅的混色毛线极为出挑，别致V领，让衣服跳脱平凡气质，为冬日加分。

除了连体毛衣裙，毛衣和裙子的套装搭配，同样会给冬日添色增彩。高领毛衣几乎可以和所有裙装搭配，无论是短裙、半裙还是长裙。高领毛衣和裙装搭配最简单的方法就是：一松一紧，也就是说，紧身的高领毛衣适合宽松的裙子，宽松的高领毛衣适合配紧身的裙子，这样搭配起来会很漂亮、很时尚。如粉色毛衣加裸色包臀裙两件套，简约版型中蕴含别致细节，精致优雅极具魅力，时尚与精致衬托你的自信潮范儿。灰色毛衣和同色系印花包臀裙两件套，贴心合体的版型设计，不仅能修身定型，还能隐藏小肚腩，重塑优美身形穿着十分舒适。浅灰色羊毛衣配同款针织长裙，复古而优雅，还非常暖和。新颖独特的荷叶领设计，带动颈部曲线美感，独具匠心的款式设计，性感又时尚。毛衣和裙子的套装搭配还有很多种，每一种精致的搭配不仅修身保暖，更会提升气质，让女性在冬日里依旧可以美丽。

9. 高品质的大衣是过冬必备

一件高品质的大衣，绝对是女性过冬的必备品，因为大衣既像棉袄一样保暖，又没有棉衣和羽绒服的臃肿，好看又利落，还能带来与众不同的风情。秋冬季节，绝对要有几件大衣才完美。款式和花色都有比较强烈风格的大衣，更是让你在冬天的人群中跳脱出来的制胜法宝。

按材质来说，有羊绒、羊毛、呢子、高级混纺及皮质、皮草等各种不同面料的大衣，各种面料各有特色和风格，新颖别致，温暖又舒适。选择羊绒大衣的话，一定要注意看水洗标签上的羊绒含量，一定要在70%以上！但是要注意一点：羊绒含量高的面料定型效果不是很理想，因为它很软，所以建议买修身版型的羊绒大衣较好。

毛呢是混纺面料，注意羊毛的成分不能低于50%。如果低于50%，在秋冬的干燥季节，容易产生静电。毛呢的面料更硬挺，做廓形大衣会更适合，同样的，做成修身大衣也会有不错的版型，属于任何款式都能够驾驭的面料，而且除了纯色还有各种花呢，花色选择也很丰富。

皮草大衣轻便柔软，保暖性、透气性、美观性都很好，就是价格贵一些。山羊皮属于手感很软，比较有质感的面料。同样，绵羊皮也不错，只不过比山羊皮会更软。皮草大衣比较华丽，更加适合成熟的职场女性穿着，黑色、白色、驼色都是最佳选择。

从款式来说，款式也有修身款、宽松款、长款、短款、中长款等。先说廓形，廓形就是大衣的形状，一般分修身形大衣和宽松形大衣。细分的话有A型、H型、茧形、西装型、系带型、风型等多种。

A型大衣不收腰，整件大衣呈A字型，上小下大，有一点微小的摆，有点可爱还有点复古。想要穿好A型大衣并不需要很瘦的身材，它不收腰不收臀的廓形设计，对上半身的要求不是很高，但下半身如果有一双细长美腿会更有气质。

H型大衣也就是直筒大衣，因为这是最百搭的大衣廓形，线条流畅，肩线清晰，款式简洁大方，不管什么身形身高都能驾驭，而且相当显瘦。因为H型大衣的线条轮廓基本都相似，最洒脱显瘦的是领口设计较小的，腰部还有提高腰线的设计，可以塑造出更美好的身形比例。

茧型大衣就是平摊开来看到的廓形像个蚕茧。H型大衣肩膀去掉棱角，版型稍微圆一点，就变成了茧型大衣。特点是在肩膀和袖子的接缝位置很长，一般接缝的位置都在肩膀以下，在袖子头1/3的地方，因而肩部不突出，是溜肩的设计。这种款式比H型更时髦，看起来也似乎是非常衬身材的款式，但其实并非完全如此。茧型大衣要穿得漂亮一是肩膀不能太窄，不然加上溜肩设计会完全撑不起来；二是不要穿太长，膝盖上面一点点是最佳长度；三是下面露出来的腿，一定要纤细，最好不要穿肥大的裤子。

垫肩大衣一般版型较正，像加长版的西装，是很经典的款式，肩膀部分非常有设计感，很端正严肃板正，最适合职场。

系带大衣一直都很流行。浴袍大衣又叫系带大衣，它没有扣子，就靠一条腰带，主打风格就是慵懒中透出的性感。特点是用腰带收腰，很显腰身，比较修身。

斗篷大衣用垂坠感来设计很有恬静优雅的气息，同时又能巧妙的遮挡上身的线条，就算是水桶腰也完全不用担心，若隐若现露出手臂更显得迷人。

大衣的花式也各有不同，格子的、条纹的、印花的、纯色的，都有其特有的韵味。纯色的大衣有黑色、白色、灰色、红色、蓝色、驼色、粉色、蓝色等各种颜色的。

黑色大衣是秋冬季节的基本款，人手一件都不夸张。搭配西装裤或烟管裤，或是连衣裙、毛衣裙，都非常合适，再配上温暖的黑色围巾和毛线帽，这个冬天你就可以度过了。A形的设计有点风衣的感觉，飘逸又休闲，黑色打底裤的搭配凸显出你腿部的修长，条纹衫的搭配也很融洽，整体好看又大方，温暖又舒适，也是个不错的搭配。

灰色的大衣总是拥有独特的气质，个性时尚的翻领设计非常完美地展现出都市女性的时尚和气质，灰色调优雅而独特，搭配一件白色小毛衣以及灰色休闲裤，个性而时尚。

抛弃沉闷的黑白灰，一件明亮的印花大衣不仅能提升你的整体活泼度，还能显出好气色。格子大衣经典又时尚，大衣里面不管是搭配衬衫、牛仔裤还是套裙或是碎花连衣裙，都非常大气有型，清新又时尚。

至于大衣的搭配，就更简单了。身材高挑女性可以尽情地选择长款，搭配休闲阔腿裤或者是衬衫连衣裙、毛衣、卫衣、长T恤衫都可以，看起来特别有气质。

对于身材矮小的女性来说，尽量选择短款或是中长款的大衣，搭配一双高跟鞋，就是最佳的增高利器，内搭也要尽量保持高腰线，会更显高。搭配好了，大衣的气势在小个子身上最能体现，穿上大衣就像换了一个人一样，变得很有气场。什么样的大衣才适合小个子？最重要的两点，一个是肩线，一个是领口。要撑起大衣，全靠肩膀，而身材矮小的女性肩膀都比较小，选择落肩的设计重心下移，人就像被压垮了一样，肩线挺拔的大衣才会衬出小个子人的气势。领子不要太宽，否则会让整个人看起来更宽更矮，而细长领子会有拉伸长度的视觉效果，领子最好小于肩宽的三分之二，才能起到显高的效果。大衣的版型，经典的H型是身材矮小的女性可以考虑的，最简单的直筒设计，线条流畅，剪裁得体，身材矮小的女性穿起来很不错的，敞开穿露出高腰线会更显高。显瘦的茧型不适合身材矮小的女性，尤其是廓形茧型大衣，中间超宽的设计，让身材矮小的女性看起来像在偷穿大人的衣服。A字形大衣身材矮小的女性也能穿，不过款式越短越好。X型大衣最为适合身材矮小的女性，X型大衣的一大特点就是有腰线，不管X型大衣是自带的腰线还是其他版型加上腰带，显瘦显高效果都是一流的。大衣露出脚踝刚及小腿的长度最适合身材矮小的女性，长度在膝盖以上也可以的，而长度到脚踝的就很压身高，所以不要选择太长的款式。

保暖的高领或圆领毛衣是秋冬时节大衣最好的内搭单品。对于打底高领毛衣的选择，尽量选择纯色的、简洁、方便搭配、尽量避免花俏的图案，纯色会更显优雅。

大衣与连衣裙也是很好的搭配，很多女明星出席活动时，都会这样穿。衬衫这样一件秋季的百搭单品，自带一种职场的干练，搭配一件简洁的大衣，时尚、大方。

一件既简约干练又不失甜美活力的粉色长款毛呢大衣，内搭白色修身针织打底衫，脚踩黑色高跟鞋，尽显优雅女神气质。一件既青春靓丽又简约时尚的亮黄色长款呢子大衣，舒适保暖的面料加上简约的剪裁，尽显优雅干练，内搭黑色修身套装，脚踩黑色高跟鞋，靓丽中不失沉稳，个性中不失活力。一件既经典复古又青春活力的中长款格纹毛呢大衣，穿上身让人瞬间年轻十岁，内搭黑色修身打底衫和经典黑白条纹休闲长裤，优雅迷人。

大衣是秋冬必备的单品，有了一件时髦的大衣，任何时候都能自信满满地走出去，迎接冬日的阳光和温暖。

10. 多彩羽绒服，美丽不“冻”人

时令进入寒冬，羽绒服绝对是越冬必备。在这个时代，对付寒冷早已不需要用衣服的数量或者厚度来取胜，一件羽绒服，足以与冬天的寒冷抗衡，而多姿多彩的羽绒服，可以让我们在大冬天也依旧美丽。

现在的羽绒服，早已不是以前千篇一律的黑白灰的颜色或是很少改变的大长筒的版型，它色彩斑斓，款式多样，各种颜色各种款式的羽绒服为我们筑起了美丽而温暖的防寒堤坝，让我们时刻美丽却从不“冻人”。

亮丽多彩的拼接款羽绒服，明亮的颜色不仅可以愉悦心情，给人留下清新完美的印象，更是会有提亮肤色的作用，拥有完美的穿着效果。收腰的款式让人即便在冬天也能完美地展现纤细的腰身，轻薄舒适的质地，软到极致，穿着轻松又舒展，更有充裕的内搭空间，毫无臃肿感。

橘色羽绒服闪亮耀眼，极有冲击力，这样活泼鲜艳的色彩既能保持

个性又凸显俏皮童真，可爱与潮流很好地结合起来，即使在冬天里也可以更闪亮。简洁耐穿的款式性价比超高，还可瞬间提升衣服的档次。

晕染渐变色调的羽绒服，给寒冷的冬天注入了水墨画般的诗情画意。收腰线条，精干有型，不只适合休闲打扮。搭配高跟鞋或帅气皮靴都同样有型。

青春时尚的蓝色是冬日难得一见的颜色，明媚的蓝色与白色的搭配对比强烈，更显醒目、清新。温暖的大帽子可脱卸，舒适实用，百搭是它最大的特点。新颖的颜色给人好心情，而长款式样和环扣的设计却给人古朴又时尚的新鲜感，收腰效果更加修身，蓬松的下摆更有范儿。扎上腰带的款式可以很好地凸显出腰部的线条，短款简洁干练也不显臃肿，而较大的领子也从视觉上转移了对腰线的注意，整体看来更加苗条。

花样翻新、款式多样的羽绒服也为搭配带来了更多选择。韩版修身连帽羽绒服内涵丰富多彩，搭配黑色的小短裤和高筒靴，整个冬日都温暖而不失美丽；蕾丝花边的短款羽绒服，内搭蕾丝打底衫，再搭配上黑色的蕾丝裙，黑色的丝袜，高筒的皮靴，整体效果清新、美丽，又不失甜美风范；带有毛领的修身糖果色羽绒服，内搭毛线小短裙，里面再搭配上一件皮质紧身的打底裤和黑色高跟小短靴，整体效果简约大方。大毛领的短款羽绒服，搭配牛仔小脚裤，再配上高跟鞋，显得沉稳大方；而长款的羽绒服无疑是抵御寒气的能手，小领的设计更加温暖。

如果是个子矮一些的女性，可以挑选短款或是中长款式样，搭配百褶裙展现学院风，长袜子和高跟鞋则能很好地拉高视觉，展现高瘦纤细的效果。没有修长的大长腿，高跟鞋和紧身裤的穿法最体现出上宽下窄的经典搭配，一样让身材比例完美展现。长款的羽绒服容易让身材不高的女性愈发矮小，所以身材矮小的女性穿长款羽绒服一定要选择修身款，并扣好口子，拉好拉链，完美展现腰部的线条，并提升腰线，打造出高挑身材，再搭配高跟过膝长靴，在视觉上更加显高，而且无论什么时候穿都不会冷。

第七章

搭配缤纷配饰，创造画龙点睛的奇迹

搭配要重视细节，而细节的关键就在于配饰。经典的配饰只需一点点，就可以让审美品位和整体造型瞬间提升，看似不经意的点点缀缀，却足以创造出画龙点睛的奇迹。所以追求完美的女性，不会忽视配饰的搭配。

1. 帽子优雅、贵气，可以搭配很多服装

帽子既有实用功能又有审美装饰功能，同时还能作为一种礼仪的象征。一顶合适的帽子，加上得体的戴法，能够衬托出一个人的身份、地位和修养，也能掩盖不尽如人意的脸型或头型的缺陷，而且帽子春夏遮阳，秋冬保暖，不分季节，皆可戴上，一年四季，帽子都是女性们点亮装扮的必备之物。因为在日常的装扮中，帽子被看作可有可无的装饰，也正因为如此，帽子的装饰作用更强，更能显出一种非同一般的贵气和优雅来。比如在欧洲，宫庭或贵族的女装一定是有帽子的，英国女王不管什么时候出场，优雅的礼帽是绝不会少的。一顶特别的帽子，忽然间让平淡的容颜生出特别的气韵来。所以很多时候，帽子是优雅和贵气的代言人。很多并不出彩的服装，因为搭上了一顶适合的帽子，也变得特别起来。

帽子的种类很多，精致的小礼帽、花边帽，带一丝野性的牛仔帽、棒球帽，清新的草帽、凉帽，温暖的绒线帽、毛呢帽……材质也多种多样，春夏的帽子以草、麻、尼龙等质料制成，可遮阳及乘凉；秋冬的帽子则多为毛、呢绒、毡等质料，除了装饰也可御寒、保暖。不同的帽子与服装搭配，能很好地体现品位，修饰不足。下面就讲讲四季帽子的搭配技巧。

（1）春季帽子的搭配

早春时节，拥有很强的装饰效果又非常实用的单品莫过于帽子了，不仅能充分修饰不完美的脸型，轻松展现出令人羡慕的瓜子脸，还能随时随地为自己的造型增添许多韵味。

针织帽无疑是早春轻寒的好伴侣，不仅百搭而且保暖，还能以丰富的色彩一扫早春的寒气。喜欢亮丽的衣服，就选择百搭色系的黑白色针

织帽和围巾搭配，平衡色彩的同时又添加一丝沉稳在里面。喜欢深色系的衣服，那么亮丽的蔷薇红或鹅黄色之类的颜色，就可以很好地提亮整体着装的色调。比如颜色清新的蓝色针织帽，搭配灰色大衣，瞬间打破灰色大衣的暗沉，再有一条经典铅笔裤和粗跟靴，早春的清新被复古的装扮演绎得更有味道。藏蓝色的针织帽则可以搭配帅气的皮夹克和牛仔裤和短靴，酷帅有型，青春的活力一览无余。大红色高领毛衣、黑色裤子加球鞋，再戴上一款烟灰色的针织帽，随性又干练。白色的装扮当然要配上白色的针织帽，再加些小点缀就美丽十足。

鸭舌帽（棒球帽）也是春季里女孩们的最爱。一款可爱的鸭舌帽配搭T恤衫来装扮自己最适合不过了。特别是短发的女性，过于长的头发不太好搭出独有的气质。用短款的夹克搭配短发的风格，怎么可以少了一顶加分鸭舌帽。不过，这样的帽子更适合休闲时光和休闲的装扮，或是户外工作。在办公室里乖乖上班的女性，还是等着休闲的时候再戴吧。

礼帽无疑是装饰性最强的帽子，但要把礼帽戴得好看有范儿，在衣服搭配上可要花费不少心思。职业套裙、礼服裙都是可以配上帽子的。随性一点，可以用西装外套搭配比较有女人味的衬衫或是T恤衫，像是蕾丝衬衫、有蝴蝶结设计的衬衫等，优雅有范儿又不失稳重。

宽檐帽也是春天的好搭档，四月飞花，五月梅雨，宽檐帽都可以派上用场，不论是搭配牛仔裤还是连衣裙，都能把女性的柔婉和可爱表达得完美。

（2）夏季帽子搭配

炎热的夏季，帽子的作用最重要，当然不是保暖而是遮阳了，夏天帽子的装饰性更强、颜色更轻快、款式更多样。大帽檐的太阳帽最搭大裙摆的沙滩裙，纯白或是装饰性的太阳帽，搭配长裙都很美。明亮的彩虹色调太阳帽与纯白色的装扮搭配，显得青春无敌、活力充沛。

草帽很不起眼，在夏天却大有用处。草帽大部分用麦秸或水草做成，材料天然，不仅遮阳、遮雨也能起装饰作用。宽边的时尚大气，窄边的又富有浪漫情调，怎么搭衣服都很好。白色草帽和印花连体衣，简洁大方，有型有款，搭配一顶白色编织草帽和墨镜，整体风格更添加了复古摩登的迷人味道。白色宽沿草帽和白色无袖衬衣加牛仔裤的搭配，则是又一种清新素雅的风格，看着就让人心动。同色系的草帽搭配半身裙或者长裙都很好。白色小沿草帽搭配白色T恤衫和蓝色波点半身裙十分精致美丽，黄色草帽搭配黄色印花长裙十分优雅唯美，如此简单的造型却散发让人向往的闲适气息。

黑白配的裙子，搭配同样黑白色且具有一点点摩登感的小礼帽，会让人有一种独一无二的感觉，尽显时尚气质。

青春文艺范的森女系棉麻连衣裙，需要的也只是一顶小清新的文艺范儿棉麻帽子，优雅清新，一身的棉麻，说不出的舒适和自然，在文艺之中露出仙女气。而两件套的短裙或是运动型短裤装，搭配棒球帽再合适不过，特别是棒球帽与裙子的搭配，看起来时尚又有活力。全黑色调的职场套装，搭配一顶独特的帽子，瞬间就会改变死板僵化的硬朗，变得妩媚起来，尽展职场风采。

（3）秋冬季帽子搭配

除了凉帽，几乎所有的帽子都适合秋冬季节。秋冬季节如何使用帽子打扮自己，使自己变得更加靓丽呢？

黑色礼帽搭配白色宽领衬衫和牛仔裤，露出性感的锁骨，穿双黑色粗高跟靴子，是随性简约的魅力搭配。银色小礼帽，搭配长款的连衣裙，柔弱的感觉让人更加怜惜，再配上灰色短靴，秋天的优雅就这样打造出来了。有着俄罗斯风情的毛绒帽子保暖又可爱，但圆型的帽子不适合脸型圆圆胖胖的女孩，圆脸女性应选用大点的鸭舌帽比较合适，会使脸看起来长而瘦。圆顶帽则比较适合蛋型脸的人，会使脸型看上去更加完美。长卷发比较适合贝雷帽，长卷发较甜美，脸型秀气小巧的话可以将头发别于耳后再戴上贝雷帽，置于胸前的卷发会增加帽子的立体感，搭配格子裙，浓浓的学院风。长直发则最适合棒球帽，不论是嘻哈感十足的款式，还是洗旧的牛仔面料，都是长发的好选择，扎起马尾戴，活力四射，散开头发戴，又时尚大方。在中性的不羁和张扬中，又有女性的妩媚，华丽和高贵，及野性的粗犷。

毛线帽子无疑是秋冬季的宠儿。简单的黑色系列的毛线帽，稳重、大气、时尚。百搭的颜色，什么风格的衣服都可以配得上。英伦范十足的羊呢鸭舌帽，非常时尚。水洗牛仔帽在率性中带着休闲味道，俏皮又大方。

秋冬季皮衣穿得较多，皮衣搭配帽子，又是另一种风情。黑色皮衣搭配棒球帽，看起来超帅气；棕色或酒红色皮衣，腰间系带的淑女款式，搭配一件淑女风格的小毛衫和一条优雅的短裙，再配上一双时尚中靴和鸭舌帽，迅速变身冬日街头的皮衣公主。蓝色皮草外套，搭配浅灰色打底衫和纯色短裙，已经非常清新优雅了，再加上一顶皮草帽子，奢华感立即显露出来。

2. 一条丝巾，令气质瞬间提升

一条时髦的丝巾是服饰的绝好搭配，而女性颈部的风情，当然离不开丝巾。丝巾作为一件佩饰，就是一种美丽的身体语言。丝巾的潮流早在16、17世纪就已经出现。丝巾体现着优雅，最开始只是贵族和上流社会人群的配饰。直到20世纪，它才开始风靡街头、走入职场。而丝巾更是女性展现美丽和风情的绝佳道具。喜欢系戴丝巾的奥黛莉·赫本，就是典型的代表，一条丝巾绑在脖子上，甜美大方。她曾说："当我戴上丝巾的时候，我从没有那样明确地感受到我是一个女人，美丽的女人。"一条绸缎丝巾随意地在项间一结之际，女人瞬间由一个平凡的妇人成为了骄傲的皇后。伊丽莎白·泰勒，当她站在罗马大教堂高高的台级上，将一条小丝绸手帕在颈间随手那么一系，万种风情倾泄而出，万道阳光都在为她翩翩起舞，整个世界都变成了春天。所以丝巾绝对是最简单有效的打造全新造型的秘密武器。

小方巾或是短丝巾适合系在脖子上，短丝巾缠绕在脖颈上，于侧边打个结，像蝴蝶结般充满了少女的甜美感。穿牛仔外套搭配深蓝色丝巾，同色系不担心出错，与运动风的鞋子搭配，青春又时髦。

上班的时候不想看起来太过休闲？选择条形的长丝巾，细长的丝巾缠绕在脖子上显得优雅，垂下的丝带也很有飘逸感！黑白波点长丝巾来搭配身上的白色连衣短裙和黑色皮衣外套，颜色素雅大方，脖颈显得修长。上班族穿着小西服，也可以搭上长丝巾，优雅而干练。印花中长款丝巾打造的轻熟风能让初入职场的人摆脱学生气。

色彩鲜艳的丝巾不仅增加整体搭配的亮度，还会带来灿烂的心情。如果服饰与丝巾是同一个色系，会留给人一种优雅、大方、稳重的印象，这样的搭配可以给人以舒适、愉悦、平和的视觉效果，是一种最稳妥的色彩搭配。假如你穿的衣服颜色较暗淡或较沉闷，建议你选用色彩与之对比强烈的丝巾。性格奔放、开朗的女子一般喜欢选择与服饰呈对比色系的丝巾，这会使得自己色彩更丰富，也更有动感和活力。但这样的搭配，一定要具有对多种色彩的把握能力。切记，色彩越少越好，过犹不及。

围巾和丝巾不同，围巾的保暖效果更强一些，但与丝巾一样同样有很强的装饰作用。特别是在冬天，不同的大衣、外套、皮衣和羽绒服，搭配什么样的围巾更美呢？

围巾的颜色决定了围巾是否能够起到画龙点睛的作用，最基础的黑白色，是围巾经典百搭不会过时的色调，应当是衣橱必备色。灰色围巾气质高雅有韵味，最重要的是百搭无压力。驼色是秋冬最显贵的颜色，无论是鲜艳色还是深沉色的大衣，搭配驼色围巾都能搭出高级的质感。除了这些百搭的颜色，红色围巾也是非常抢眼的。一抹鲜艳的红，搭配气质大衣，能在寡淡的秋冬，美成一道街景。除了纯色围巾，经典的格纹围巾透着复古的英伦风，气质高雅出众。

材质上，羊绒材质的围巾质感突出，搭配毛呢材质的大衣碰撞出高雅的品位。毛线材质围巾温暖淑女，优雅的味道扑面而来。

驼色外套，搭配黑色围巾，优雅有韵味，再搭配黑色紧身裤，美不胜收。一件驼色外套的配色方式多种多样，搭配灰色围巾多了一些雅致，红色围巾则俏皮可爱，而与驼色大衣同色系的围巾，更加贵气，不过围巾的颜色选择较深一号色或者较浅一号色或更有层次感。格纹围巾也是驼色大衣的好搭档，与黑色大衣相配更突出成熟干练。

黑色和驼色的搭配是最经典的配色方式，在黑色大衣上同样适用，驼色围巾配黑色大衣少了一些温柔感，多了一些帅气！黑色大衣配黑色围巾超显气场，全身黑色则需要在小单品上提亮，一件白T恤衫或者一双亮色的袜子都可以提亮整体的搭配。黑色大衣和灰色围巾颇有韩范儿，适合娇小又个性的女孩。搭配长靴优雅，搭配运动鞋休闲。红色围巾搭配黑色大衣，绝对是一道闪亮的风景，特别是春节回家，更是红火热烈喜庆，超有型！

浅色大衣配同色系围巾，气质高雅有韵味。灰色大衣配灰色围巾超显气质，配白色的单品鞋子或者裤子都透着女性的成熟干练。深蓝色大衣配深蓝色围巾，不挑肤色不挑身材。有层次感的搭配更显示搭配功力，浅蓝色围巾配深蓝色大衣，深蓝色围巾配浅蓝色大衣。驼色大衣也可以使用这种浅色配深色的搭配方法，更显时髦。

丝巾和围巾的系法很多，花样翻新。随意搭配，随性俏皮，不论是长巾短巾，都很好；轻松绕一圈的围法，看似随意，实际上却自有一种慵懒自在的魅力，也很保暖；随意搭在肩上的围法堪称最简单最容易上手的气质搭法，潇洒不羁的魅力扑面而来。

总之，不论丝巾还是围巾，点缀在肩上、领间、帽檐上，都有种欲说还休的妩媚。丝巾围巾是服饰中永远不会凋零的时尚。一条丝巾代表着一种情绪，总在不经意间轻轻流露，每一次佩戴都会有不同的感受，它已经成为一个不可离弃的朋友和一段栩栩如生的记忆。完全不必拘泥于现有的丝巾系法，让规则抹杀了丰富的想象力和创造力。根据自己的情绪，可以随心所欲地把这一抹亮色点缀在身上，系在腰间、挂在胸前、围成头饰、绕在手臂上。

3. 夸张的挂饰，让朴素的衣装灿然生色

挂饰即悬挂的装饰品，服装搭配上主要是项链和毛衣链。穿上一件近乎完美的服饰，怎么能让优雅的脖颈空荡荡的呢？一款精致又时尚的项链是女士们最不能缺少的，那一抹闪亮能让朴素的衣装也变得灿然生色。

项链是女人不变的情结，在莫泊桑的笔下，为了它玛蒂尔德不惜付出十年的辛劳。项链作为女性心爱的首饰，搭配时要特别注意。与正统的礼服、西装套裙配套的需高级制品和传统款式，如珍珠项链、钻石项链、

白金项链等。不同的服装搭配不同的项链，因此，每个女人多有几条项链是应该的。

项链在装饰上类似于挂件，有着和挂件相似的特性。质地不同的挂件，表达了不同的造型取向。名贵材质的挂件表达出服饰的华贵取向；木材等天然质地的挂件，表达出质朴、自然、柔韧的取向；水晶玻璃等透明质地的挂件，则具有清新、明快的取向。

项链的风格和款式也特别多。材质有黄金、白银、珍珠、玉石、钻石、金属、木头等，风格有民族风、复古风、奢华风、自然风等，款式就更多了，长的、短的、素雅的、花朵的、大的、小的、秀气的、狂野的……不一而足。不管什么样的项链，只有搭配好了才能给整体气质加分。

脸部清瘦且颈部细长的女性，戴单串短项链，脸部就不会显得太瘦，颈部也不会显得太长。脸圆而颈部粗短的女性，最好戴细长的项链，如果项链中间有一个显眼的大型吊坠，效果会更好。椭圆形脸的女性最好戴中等长度的项链，这种项链在颈部形成椭圆形状，能够更好地烘托脸部的优美轮廓。颈部漂亮的女性可以戴一条有坠的短项链，突出颈部的美丽。

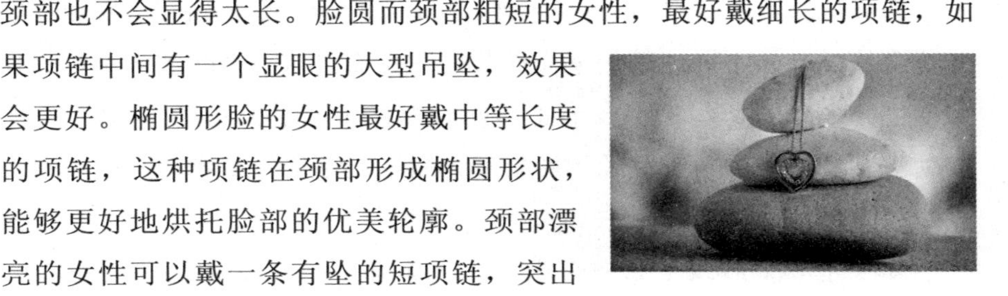

颈部偏粗偏短的女性，佩戴的项链要相对长一些，不能选那种紧贴脖颈的款式，适合的服装则是一字领的外衫。长脖颈的女性基本上什么款式都是可以的。金项链与黑色服装搭配，会显得端庄高雅、仪态大方；金项链与红色服装搭配，会显得活泼奔放、热情洋溢；银项链与冷色调的蓝色服装搭配，会显得温柔开朗、妩媚多姿；白色珍珠项链与淡绿色和白色的服装搭配，会显得清新脱俗、明朗亮丽；粉红色的珍珠项链与白色丝绸服装搭配，会显得俏丽多姿、灵动诱人。

穿V领衣服时，最需要项链来装饰。V领本身是最能凸现女性胸部曲线的一种领形，搭配何种风格的项链，就要看具体的搭配方式了。不过一般来说，选择深V领款式服装时，佩戴层叠款式项链，不但能突出配饰，更能很好地修饰颈部曲线，但切忌领口的装饰物过多。深V领也可搭配小T形项链，让视线纵深向下垂至胸部，刚好将胸部曲线完美突显出来。短款项链可与浅V领款式服装搭配，营造出乖巧女生的特质。圆环款项链不管款式多夸张，都透着乖巧与婉约，圆脸形的女性在佩戴该类项链时，可选择吊坠适当拉长的款式，这样能拉长脖子到胸部的整体线条，看上去略显瘦。但太过复杂的圆环形项链要慎选，容易因胸前东西太多而造成沉闷感。

而穿素简的白衬衫，只需一条夸张的大项链，什么款式的项链配白衬衫都会很好看。白衬衫是很多上班族的首选单品，看上去清清爽爽，却总觉得缺乏亮点，最常用的办法，就是用一条夸张的大项链，来完成叠搭的点睛效果。白T恤衫也是一样，可以用一条项链的混搭方法来让它变得高级且与众不同。越是素简的装扮，越需要造型夸张的大项链，但最好以短发或束起来的头发为主，同时衬衫扣子至少要打开两颗以上，因为衬衫领子加上项链已经足够繁复，所以利落的发型和低开的领口可以给项链足够的表现空间。

如果是一字肩或是低胸露背装，一条漂亮的项链更是必不可少的。这时候项链可以稍长一点，但不要太大。

夏天的挂饰最好都不要太大。细巧秀美的项链更适合夏天。职场装中套装、衬衫、风衣、紧身裙各种安全搭配，很少会失手出错，但是略显单调和过于干练，失去了女性的柔美，一条细链镶钻的吊坠透过丝质衬衫若隐若现，增添感性气质。

清新的萌系吊坠十分受宠，浅色的印花连衣裙或者外套下若隐若现的可爱吊坠为你的萌装加分，无论摇曳在锁骨间还是胸前都不会被忽略，也可以适当运用多层次配搭技巧。

秋冬的夸张挂饰最重要的无疑是毛衣链。毛衣链在秋冬服饰中，占有非常重要的地位，它有着神奇的功效，能够让普通的衣服和平凡的造型焕然一新，为秋冬衣着添上一份雅致与浪漫的同时，也让形象光彩夺目起来。

毛衣链的材质一般并不特别，大多是一般金属、人造珍珠或是高级一些的玉石或木头的材质，毛衣链大多较长，很有设计感，造型别致而且光泽闪亮，搭配秋冬时节深色的衣着无疑十分添彩。圆润强光的白色珍珠毛衣链搭配黑色毛衣，对比明显，凸显珍珠的效果，让人眼前一亮，提亮肤色。如果厌倦了单双层的经典戴法，那么打结法会是一个更加时尚的选择。单结、双圈单结或是双结戴法，能拉长整体轮廓，修饰脸部线条、修长身形。毛衣外披上西式外套或是大衣，更显女性翩翩气质。而金属的毛衣链闪亮的光泽会给整体的衣着带来不一样的亮点。如紫色毛衣搭配一条银色的粗大长款的四叶草毛衣链，让有着与红色一样热情的紫与高贵的银撞在一起，不仅能很好地衬托出白皙的肤色，又特别有女人味。而白色高领毛衣则可以与镶水钻的长款毛衣链搭在一起，白色高领毛衣与水钻的耀眼组成清新纯美的情调，又衬出十足的淑女韵味。灰色宽松毛衣则可以搭配黑色三角形或是星星坠的毛衣链。灰色宽松毛衣没有丝毫的装饰，难免感觉少了点什么。而搭配了一条黑色的星形毛衣链，就显得休闲范中多了几分亮色，而且低调，不会过于浮夸。黑色的毛衣则可以让民族风的毛衣链大显身手。各式各色的小花拼接在一起，很有甜美感。复古的钟表和钥匙形的挂坠，用彩色的结绳，更加活泼与灵动，与时尚的毛衣混搭出美丽风情。

挂饰这种配饰，有很强的点缀功能，特别是闪亮的金属光泽和极富设计感的款式，足以让普普通通的衣着灿然生光。所以选对配饰也需极高的搭配技巧。

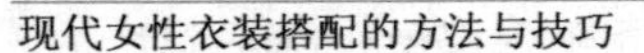

4. 一枚胸针带来别样优雅

胸针，又称胸花，是一种使用搭钩别在衣服上佩戴在胸前或领子上的饰品，也有人称之为“别针”。一般为金属质地，上嵌宝石、珐琅等。可以用做纯粹装饰或兼有固定衣服（例如长袍、披风、围巾等）的功能。

胸针的历史可以追溯到青铜时代，其形式变化在考古学上可以用来帮助确定文物的年代。明末以来，随着海事开禁，特别是上海开埠后，大批的西洋物品涌进了上海。与此同时，也带进来许多西方的时尚元素。胸针从此便融入我们民族的传统文化之中，既带有传统的民俗文化，又蕴涵西方的时尚元素，被当时追求时髦的年轻人所广泛接受。

胸针更是服装搭配的很好的配饰，穿一身得体的服饰，再配上一枚色彩、造型与服饰相称的胸针，能给人一种时尚美感，一种别样的优雅。胸针的材质以银质的居多，其他的还有象牙、黄（白）玉、琉璃、珐琅、鱼骨、珊瑚等。其制作工艺既有简单的，也有复杂的，其中又以镶嵌为多，比如镶嵌钻石、玛瑙、螺钿等。胸针一般都不大，最小的只有纽扣大小。胸针的型制更是集各种习俗情趣和时尚元素为一体。我们常见的就有兰花形、钻戒形、椭圆形、扇形、蝶形、乐器形、花叶形和元宝形、动物形等。

配戴胸针要与服装相匹配。在色调上要求取得协调。一般说，衣服淡雅的，胸花宜鲜艳；衣服浓艳的，则胸花要素雅，即所谓“素中带艳”“艳中点素”。胸针要与脸型相调和。胸花要衬托脸容，圆脸型人宜用长方形胸花；长脸型人，则用圆形胸花为好。

穿硬挺厚实的西装时，可以选择体积大一些的胸针，材质尽量选择硬质金属外壳的，色彩要纯正。穿衬衫或薄羊毛衫时，可以佩戴款式新颖别致，同时体积小巧玲珑的胸针。线条不对称、不规则的服装，如果将胸针别在正中部位，在视觉上可起到平衡的作用。若你在西服套装的领子边上别一枚带坠子的胸针，则令庄重之中增添几分活跃的动感。如果你的服装色彩较简单，可以佩戴有花饰的胸针，这样能够让你在高贵与端庄中显出独特的风采。如果你的上衣是多色彩的，下身是较为深色的裙或裤，那么，在这个时候就要上衣上佩戴同下身一样颜色的胸针。胸针的造型不一，装饰功能很强大。若你穿着半高领的休闲服，切忌款式繁复的胸针。佩戴造型简单一点的胸针，则洋溢着青春浪漫的气息。

年轻女性使用胸针不要过大，以别致型、趣味型为佳，在材料上没必要追求高档的金银珠宝。中年女性选用胸针形状、大小均可不拘，但要注意与服装质地匹配，比如高级面料的礼服不宜搭配用塑料、玻璃、陶瓷为材料制成的胸针，因为这种胸针与高雅华丽的服装极不协调，只会给人一种品位不高的感觉。年老女性选用的胸针，最好用深色的、大颗粒宝石镶嵌而成的，造型应典雅美观，不落俗套，颜色应鲜艳纯正，不宜太宽，太宽在灯光的照耀下会显得刺眼，不柔和。宝石胸针要对镶嵌其上的宝石质地进行挑选和鉴别。对金、银、铜等材料也要进行质地检查，以防假冒和粗制滥造。这样更能衬托出优雅的气质。

5. 包包的“百搭圣经”

包包，也就是手包，也称手袋，设计精美、造型各异的包包备受女性宠爱。还有人开玩笑说“包治百病”——只要有一只心仪的包包，女性再也没有任何脾气了。

其实这种喜欢是可以理解的，因为对女性来说包包不仅是一种实用品，更是一种装饰品。手袋与服装的搭配是一门艺术，一般来说，不同的场合需要不同的手袋，不同的手袋配不同的服饰。适宜的包包不仅可以把使用者的品位展示出来，还可以掩盖其形象的不足。

有人说，女人年纪越轻，她的手袋体积就越大；年纪越大的，她的手袋体积就越小。或许是由于年轻人活泼好动，服装又以宽松自然为主，大手袋可以配合出无拘无束的感觉；而成熟女人，除了年龄、服装通常要表现出典雅文静外，工作场合背一个大手袋也很不相宜。不过现在这种界定已经变得越来越淡，服装佩饰潮流瞬息万变，手袋的大小已不是问题，适用与否，才是最重要的。

不同场合、不同环境需要有不同的手袋相配。比如说去面试新工作，应该携带皮质略硬、素雅类型的包包。假如要去爬山，就挎上比较休闲的包包，显得不拘谨；出差时，根据客户的不同，选择不同的包包和衣服搭配。参加舞会时，穿上一件轻快的服装，配上一只小巧手袋，不但显得可爱，而且颇富韵味。参加晚宴，配上只用金属亮片或珠子做的小型手袋，可尽显雍容华贵的气质。出门旅行时不妨选用软皮做的大手袋或牛仔包，或草编的大提包，背在肩上，潇洒自在。

搭配包包，和搭配服装一样，也是要看身材的。如果是身型娇小的女性，那么建议最好不要背一个几乎把整个人遮起来的大包包。而要选择一些中小型的包包，这样更适合。至于身材高大的女性则相反，不要选择小巧玲珑的包包，否则身材比例就会失去平衡，一个大尺寸或者超大尺寸的包包是最好的选择。

包包与整体服饰的色彩搭配也很重要。包和衣服选择同色深浅的搭配方式，可以产生非常典雅的感觉，例如，咖啡色着装配驼色包包。包包和衣服也可以是明显的对比色，是一种另类抢眼的搭配方式。例如，白色裙子和黑色皮鞋搭配白黑色拼接包包。包包和衣服的色彩、花纹、配饰协调搭配，例如黄色上衣和淡紫色裙子可以搭配淡紫色或米色包包。夏季的包包应以浅色或是淡纯色为主；这样不会让人感觉与环境不协调，否则会产生扎眼的感觉；夏季夜晚时分外出，根据环境带深色的也可以，只要搭配得当；冬季应选择略深的颜色，要和季节相协调。春秋季节，基本上差不多，多注意和衣服之间的搭配。

包包的款式搭配应该首先和自己的年龄段吻合，使人不会产生搭配不协调的感觉；即使包包的款式不错，选购时应先考虑适不适合自己的年龄。另外还要考虑包包颜色的深浅和年龄是不是协调。

职业女性宜选择轮廓分明的方形或长形手袋，这与线条分明的职业装相吻合，强化了职业女性的严谨和端庄。社交手袋则应突出女性或华丽高贵，或妩媚多情，或恬淡飘逸，或成熟风韵的不同风采。选购手袋不单要考虑外形款式，还要考虑到提带的款式，背、挎、提、夹都与服饰整体和女性个性有着密切关系。不同的职业对包包的选择也有区别，办公室白领可以选择简洁一些的款式突出自己的品位；经常外出，可以选择休闲一些的包包，显得比较有活力；如需经常面见客户或需携带一些资料的，可以选择实用型包包。职业女性一定要给自己选购至少两款在职业方面比较实用的包包，这对于改善别人对你的整体印象，有很好的效果。

包包是一种贴近女人身心的物品，是女性最亲密和忠实的伴侣，好的手袋是女人心灵和品位的形象语言，女性应避免使用那些破旧、不洁净、过时的手袋，以免影响形象气质。

6. 夏装搭配眼镜，更有味道

太阳镜不仅可以抵挡酷热烈日，保护眼部周围的皮肤，也是凸显俏丽妆容的绝佳配饰。特别是在炎热的夏季，太阳镜更是众多女性扮靓自己的重要配饰，而且清凉的夏装搭配上酷酷的太阳镜，柔美中带一丝狂野，不管多么简约的衣服，只要搭配上一款摩登气息十足的墨镜就能瞬间从人群中脱颖而出，整个造型韵味十足。但是太阳镜也是需要搭配好才能显出其独特的魅力来。

太阳镜镜片有深色和浅色的不同，在搭配时也要注意。深色镜片的太阳眼镜由于有质感颜色铺底，所以在运用镶钻工艺、经典大框款式，或金属材质的镜架方面更为自由。棕色、灰色的镜片，可在穿红色系和黄色系衣服时配戴，淡蓝色镜片更配蓝色系的衣服，棕色或墨绿色镜片配绿色系衣服较佳。

深色太阳眼镜本身会给人一种距离感，所以戴深色太阳眼镜时切忌穿着太正式、颜色太深的服装。穿休闲类运动款的服装搭配深色太阳眼镜较好，比如用蕾丝、蝴蝶结等服装细节来调和深色太阳镜的硬朗和厚重感。在服装色彩上，也不要选太深的颜色，浅色系服装比较适合。另外，深色太阳眼镜能够很好地掩饰眼型的缺点或者浮肿、充血等眼部问题，有这些困扰时可以好好利用深色太阳眼镜。古典一些的人可以把头发挽起来，搭配深色太阳眼镜来营造一种复古味道；把烫了大卷的头发披散开来，将太阳眼镜随意地搭在头发上则有浪漫的气息。

浅色镜片的太阳镜简洁素雅，浅茶色、密糖黄、香槟金的太阳镜，无论搭配流行的白色系、肤色系的服装，或者简单的牛仔、运动系列都可以。但是要注意，如果服装的花色比较多，那么应该选择其中最主要的色块作为太阳镜的颜色。如果穿蓝色衣服切忌带粉色的太阳镜，这样的色彩搭配很不和谐，也不建议戴蓝色的太阳镜，因为无论搭配什么服装，亚洲人带蓝色太阳镜都会让脸色显得不好看。佩戴浅色太阳镜，在妆容上，一定不能太浓艳，淡妆最好。

搭配时还要注意选择与自己的脸型相配的太阳镜。长脸型配圆形镜，长脸的女性可以搭配上镜片比较宽大的墨镜，能够遮挡住脸上的缺点，只露出尖尖的下巴，搭配出小脸的效果。方脸型应配两边向上的镜框，颧骨高的人不要戴有多角的镜框，鼻子长的人要选镜框圆的眼镜，鼻子短的人则适合戴高鼻梁架无镜框或窄镜架的太阳镜。

瓜子脸的下巴是尖尖的，颧骨的部分比较宽大，可以选择镜片比较大的墨镜，遮住两边的颧骨位置。这样能够显出尖尖的下巴，扬长避短。锥子脸型的脸蛋比较小，并且下巴很尖，脸部轮廓比较清晰明显。此类脸型可以佩戴镜片比较圆的墨镜，挡住三分之一的脸，修饰脸型恰到好处。

鹅蛋脸也比较适合搭配圆形的墨镜，因为颧骨部分的轮廓不突出，所以不需要佩戴镜片宽大的墨镜，这样容易搭配出反效果，得不偿失。菱形脸可以搭配富有特色的圆形镜片墨镜，复古的墨镜可以转移大家的视线，给墨镜更多的关注，而忽略菱形脸的明显轮廓。

在服装搭配上，则可以尽情发挥，穿出自己的个性和美丽就好。如白衬衫牛仔裤加深色太阳镜，将上衣扎进裤腰，牛仔裤裤脚卷起，再配上高跟鞋、链条包，轻松穿出欧美街拍范儿。

太阳镜与衬衫和破洞牛仔裤搭配，穿上休闲鞋，挽上手提包，夏天的酷帅造型立即显现。简约的白衬衫搭配破洞牛仔裤，配饰上鞋子与包包都选择黑色系，让蓝白搭配更加清新耀眼。而猫眼豹纹边框太阳镜则是点睛之笔，让造型的关注度瞬间提升。

太阳镜和T恤衫休闲裤的搭配，是另一种的夏天味道。T恤衫搭配休闲裤很有中性气息，配上酷酷的墨镜更加帅气。太阳镜和白T恤衫牛仔短裤的搭配，加上链条包，足够吸睛。

浅色框圆形太阳镜加条纹花瓣上衣和浅蓝色紧身裤，活泼可爱又搞怪的浅色圆框太阳镜，看上去十分抢眼。搭配一件条纹T恤衫，衣服下摆的花瓣造型让整体搭配呈现可爱气质，浅蓝色的紧身裤，与墨镜镜框的淡蓝色相呼应，也让整个造型的配色轻快了起来。

深色飞行员太阳镜搭配白色T恤衫和灰色牛仔裤，深色的镜片让眼神显得无尽的深邃，搭配一件休闲的白色T恤衫与灰色牛仔裤，随性又轻便。

全黑方形太阳镜搭配白色蕾丝镂空开衫和白色背心，再加一条米色高腰半身裙，黑色的墨镜经典又不失摩登风采，搭配上一件白色蕾丝镂空开衫，内搭白色背心，尽显知性魅力，再加上一条米色的高腰半身裙，更增添了几分淑女气质。

圆形深蓝太阳镜，搭配吊带度假风印花连衣裙，最适合海边欢快的度假时光。海边度假时戴上这样一款活泼又阳光的圆形墨镜，圆圆的造型，十分可爱，深蓝色的镜片，与沙滩连衣裙相映衬，仙气十足又欢快浪漫。

太阳镜搭配短裙或者短裤的造型，是度夏最好的装扮。上面加一件圆领T恤衫，是最简单的搭配，再加上太阳镜，又清凉又酷帅。

太阳镜也可以搭配职业装。其实现在很多的上班族的衣服已经没有那么呆板了，白领也可以很时尚的。稍微轻松一些的裙装搭配浅色的太阳镜，庄重中带着一丝俏皮，不再是死板严肃的职场大佬，却可以化身娇俏可人的职场新丽。

总之，只要搭配得当，太阳镜也可以很拉风，给夏天的造型带来不一样的感觉。

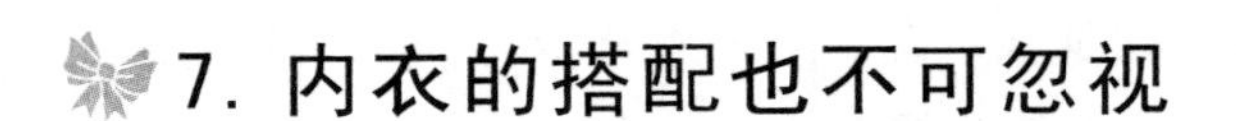

7. 内衣的搭配也不可忽视

内衣是女人的第二肌肤，是知己、密友，最亲密的伙伴。再找不到比内衣更能表达女性细腻的情感和对时尚的执着的单品了。那些款式、色彩各异的内衣构成的亮丽的风景，给女性带来巨大的想象空间，也使整体服装的造型有了更丰富的内容。

一个真正懂得时尚的女人绝不会忽视内衣的作用。女性穿不合身的文胸，无异于破坏身材。松松垮垮的文胸，穿了跟没穿一样，缺乏有效的承托与支撑，无法帮你保持体形，不精神；过紧束的内衣，会在身体上勒出印痕，造成赘肉感，切割在内衣外的肌肉还会不断向下沉降；质料缺乏弹性并发生扭曲变形的文胸，没有包容力，起不到很好的承托修体作用，还会对身材造成伤害。

内衣穿着，以造型不留痕迹为最佳。在粉色、浅黄等暖色系和半透明外装下，穿贴近肉色的内衣为最佳。比如极浅的驼色、嫩黄色、牙白色、嫩粉色、粉底色等，会给人一种和谐、自然、轻松、随意的舒服印象。

内衣的选择是一门学问，不同的外衣要求搭配相应的内衣。首先要选适合自己尺寸的内衣。由于过于宽松的内衣穿着会引起乳房的下垂或变形，过于紧束的胸衣导致乳房受压迫、胸部血液循环受阻，造成扁平胸、乳头下陷以及胸衣外的肌肉下垂形成赘肉等，都是不健康的。因此，购买内衣时一定要进行试穿。不要因为不好意思而直接购买，更不要在买回后发现不太合适时仍将就着穿戴。同时还要注意选择适合自己的内衣样式。内衣分全包、半包、斜包式以及有托衬、无托衬几种。有的托衬还会用到长短不一的钢丝。女人身体的细微处千差万别，告诫所有的女性朋友不要只被内衣绚丽的颜色与别致吸引，做出不当的选择，这于女性胸部健康而言是大忌。

其次，要选对适合自己的款式。蕾丝是女性内衣永恒的主题。贴身通花的黑色内裤、2/3罩杯的小碎花镂空文胸，是罗曼蒂克型女人的钟爱之物。这时，内衣的性质不再局限于掩体遮羞，却更像一朵在女人身体上盛开的花，鲜艳、娇羞、惹人怜爱……与端庄纯情的传统内衣相比，蕾丝所呈现的世界更像一道炫目的彩虹。一些款式的文胸，其下沿还饰有透明花边的裙摆，透着浓浓的法式的情趣。全棉托衬全包式罩杯适合胸部欠丰满的女子。如果是正处于发育阶段的少女，最好不要用带钢丝托衬的胸衣，以免伤害到稚嫩的肌肤与脆弱敏感的胸部生理组织。对于胸部已经足够丰满却没有明显乳沟的女子来说，斜包式钢丝托衬是合适之选，这样不仅能使胸部拥有完美乳线，还能帮助双乳定型。完美的胸部丰满而挺拔，带钢丝托衬的半包式罩杯不仅能起到很好的承托作用，还能将美丽的胸部凸显出来。对于胸部已经有下垂迹象的女性来说，选择连身型的功能性内衣是比较合适的，因为它不仅可以矫正胸部形状，还有助于塑造理想体形。

再次，要选对适合自己的面料。雪纺的轻柔、蕾丝的浪漫、棉布的含蓄与素雅，都在诠释女人的独特气质。不论从一而终的传统保守，或者多情幻想的浪漫，还是性感热情的豪放，女人都不要将自己的风格固定在一个模子里。全棉针织面料的内衣最富有弹性，且最具有耐久力。其他化纤、真丝、混纤也都具有比较理想的伸缩力。因为内衣的基本功能是它对于胸部的包容和承托性，所以，选购时应多注意这一点。

最后，要选择适合自己的颜色。白色应该是属于青春期的专有色彩，它柔和、明朗、洁净与清纯，让人想到蓝天里自在悠闲的云朵，一种素雅恬静的温馨扑面而来。选择白色（或自然色）的内衣，就无需考虑是否会与外面的着装相冲突，这一类型的内衣便于搭配衣着，实用简单又永不过时。充满幻想、撩人妩媚的黑色，具有性感和引人注目的高贵；而鲜艳的红色，更是热情的诱惑；神秘的紫色充满了朦胧优雅的气质；

柔媚亮丽的金黄将娇俏完美诠释；粉色的含蓄，却在表达心底欲说还休的情愫……除了要考虑外面的着装外，其实色彩自己喜欢就最好。

内衣不但需要配合外装也要配合体形和心情。如能结合外衣的设计及面料和穿着场合，就能体现穿衣者的品位和修养，并取得相得益彰的效果。夏秋季节的浅粉色系、白色系以及半透明衣裙，穿白色胸衣最保险，不会配错颜色。其实不但这样，纯白色内衣在浅色和半透明面料下会非常显形。内衣穿着，以造型不留痕迹为最佳。在粉色、浅黄等暖色系和半透明外装下，穿贴近肉色内衣为最佳。

嫩色系外装要选浅色系内衣。嫩色系是指那些浅色中有鲜亮因素而绝无灰色因素的颜色，如橘黄、黄绿、鹅黄、橘红、嫩粉等色系。这类外装穿上去亮丽可爱、楚楚动人，纯白色内衣与之搭配是很好的。需要注意的是，绝不可以选深色系内衣穿在嫩色系外衣里面。

艳色系外装可选亮色系内衣。大红、明黄、翠绿、宝蓝、玫瑰色等艳色系外装，可以搭配白色内衣，同时还可以配金红、果绿、湖蓝、深粉、玫红等色系内衣。这不仅使内外一致，而且还会使人心情上有种明朗放达的感觉。这个时候若选肉色系或浅淡色系内衣，就会显得太平常普通，而选用深暗色内衣又会有种沉重感。艳丽就是要从里到外地艳丽。在庆典、盛会、公众场合，艳丽与开朗，是女子美丽的表现。

深暗色系外装要选用相近色或者反色系内衣。在许多正规场合，黑色、墨绿、藏蓝、紫红、深咖啡、暗红、紫罗兰等色系都是非常庄重的颜色，这时候，内衣选深蓝色、黑色、大红色、咖啡色、深绿色、玫瑰紫等是适宜的。

8. 袜和鞋的风景，在于搭配

丝袜和鞋子不仅是服装搭配中的重要因素，也是整体造型中的关键配饰。对于女性来说，其装饰性绝非一般配饰可比。假如在世界上从来没有一双完美的腿，那么自从有了丝袜和鞋子，女性就可以自信地选出那双完美的腿了。

透明素色是丝袜最适用的颜色。素色的好处在于低调，且品位上乘，而且也容易搭配服饰颜色。选择肤色丝袜时，用手臂内侧而不是手背来测试丝袜的颜色，因为手背肤色通常会比腿部肤色要深。黑色的丝袜也很实用，当穿着深色服饰和黑色鞋子时，黑色丝袜可以将服饰和鞋完整地连贯起来，能够表现整体的造型效果。一般地，透明素色丝袜，易于强调和突出腿形和肌肤感，而黑色丝袜更有利于服饰连接和过渡。其他颜色的搭配也有很好的效果，但要非常谨慎，它们的搭配是比较困难的。

衡量丝袜品质的标准是弹性的好坏。弹性取决于丝袜的材质，以尼龙加上优质弹力丝（如莱卡）为好，采用包芯方法制成的丝袜弹性更好，手感也更柔软。此外，莱卡的含量也很重要，莱卡含量高，丝袜的弹性和回弹性好，色度及透气性都能好一些。

有一种这样的丝袜，初看感觉非常轻薄柔软，弹性也非常好，但当用手撑开时就发现纤维的密度织得非常稀松，那样的丝袜穿在腿上无法形成肌肤般的细腻质感，容易抽线钩丝。穿抽线钩丝的丝袜会使你的魅力指数大大下降。

彩色或镂花丝袜可以给休闲套装增加趣味性，适合年轻的女孩。对于优雅、成熟的女性，不建议选择过于新潮的丝袜，虽然丝袜制造商们不断推出流行的款式，在正式的场合要特别注意丝袜的品质、透明度以及款式，这会影响你个人魅力的体现。一般来说，黑色网眼或有图案的丝袜并不适合正式场合。

好的丝袜还应与腿部高度契合。丝袜的松紧口或连裤袜腿根部的织法是品质好劣的关键之处。高品质的丝袜会照顾到穿着者的舒适感，同时确保与肌肤的贴合度，如改变织法、加固或加精致的蕾丝花边等，让丝袜不会在关键时刻往下滑。由此，要注意选择相对固定的品牌和织法的丝袜。

丝袜的穿着方式也要讲究，特别是黑色的透明丝袜，穿的时候要拉得服帖平均腿才会“着色均匀”。流行着一种说法：“穿丝袜要有一种仪式感。”所以，每次穿丝袜时，应该修剪好指甲或是戴上纯棉的手套，轻轻地套上足尖，一寸一寸地往上延伸，直到无皱无褶地与皮肤完全贴合。优雅地穿丝袜的过程，也是女人体验美好情调和细腻情节的过程。最重要的一条是千万要记住随时预备一双备用的丝袜，以避免丝袜破了带来尴尬。

除了丝袜，鞋子也是整体服装搭配时需要考虑的一个重要因素。要想鞋与形体美完全统一，买鞋时首先得考虑舒适度。一双不舒服的鞋，会因不得不改变行走姿态而破坏体态美，时间长了，会严重损伤形体。当然，不要选择鞋跟超过5厘米的鞋子，那会有损身体健康。此外，对于职业女性来讲，过高的鞋子会限制活动范围，降低工作魅力。不要在商务活动期间穿新鞋或高度不适合的鞋，这种场合女性最吸引人的魅力不是性感和妖媚，而是精干和能力。

正装鞋最好选用3～4厘米高度的小牛皮鞋，端庄大方容易搭配。颜色以中性色为宜，尤其是黑色，宜于和中性色调或更多色调的衣服搭配，包容性较强。但是，并不是黑色可以搭配所有颜色的衣服，浅色调衣服搭配黑鞋会显得过于沉重，这时你可选用有黑色部分的衣服来呼应，或是配一些黑色的帽子、围巾、项链之类的饰品。另外，如果找不到适合的鞋子配某件衣服，可以选中间色调；一般可选古铜色或红铜色的鞋子搭配暖色调的衣服，灰色、雾银色的鞋子搭配冷色调的衣服。所以，通常你应备有多种色调的鞋子，黑色如古铜色、红铜色、灰色等，你可以用你偏爱的色调，与你喜欢和适合的服饰色系搭配，还能改善身材的缺陷。

迷你裙配扣拇指胶底凉鞋，就能显得腿更长一些。这是因为合身的迷你裙能很好地展现从臀部到大腿的曲线，对腿细腿短或一般腿型的人都是很好的选择；而平跟的扣拇指胶底凉鞋能产生从裙摆到脚趾的不间断的曲线感觉。虽然高跟凉鞋也能达到同样的效果，但不如低跟更显利落。

而直筒裙加上系带高跟凉鞋，能拉长身材比例，显得更苗条。因为直筒裙剪裁本身就又长又窄，直筒裙能产生直线效果，让你整个下半身变得苗条，非常适合梨形身材的女性；而且，裙子会让你最吸引人的上半身凸显出来；而高跟凉鞋会让你的曲线变纤细，大大的臀部也变得不那么明显。

带有田园风味的宽松长裙搭配半跟休闲凉鞋，可以使腹部更平坦。因为裙子中部的褶襞，宽松长裙很好地掩饰了略微隆起的小肚子，这个小技巧对任何女性都适用；而长裙可以到脚面，所以没有必要担心它会让腿看起来很短；半跟休闲凉鞋会给你一点高度，而且和宽松长裙搭配营造了很好的休闲感觉。

圆褶裙配上坡跟鞋，则会使腿变得更修长。因为裙子本身的花哨，而且只露出了细细的小腿，圆褶裙让你看起来更加匀称，这个道理对于任何身材的女孩子都管用。还因为圆褶裙本身就非常女性化，所以配上一双迷人的坡跟鞋效果更好，既性感又方便行走。不过如果腿不长，那么裙子不要穿过膝，否则你的腿就会显得很短。

秋冬季节，搭配靴子也有讲究。选择最适合你的靴子是关键。对于下身较短的女性来说，靴跟的长度是很重要的。选择5厘米的靴跟会有拉长身高的效果，配上及膝裙就更棒了。所以马靴虽然可爱，达不到增长腿形的效果，想显得腿长的人还是要避开它。选择长筒靴，不显笨重是最重要的。膝盖下的靴筒如果贴身，自然令人觉得腿形修长。但如果靴筒宽松，会使重心下移，小腿就会显得更短小。

0形腿的女性不要选择短靴。因为脚踝处正好是0形腿开始的地方，长度刚到脚踝的靴子，会使0形腿形完全展露出来。如果选择靴口有装饰或剪口设计的靴子，或者靴长到膝盖以下5厘米，就能达到把别人的视线引开的效果，0形腿也就不那么明显了。高出靴筒几厘米的彩袜也有转移视线的效果

小腿肥胖的女孩不适合穿设计华丽的靴子，这样会把所有的目光吸引到你的腿上。特别是那些花哨的细鞋带、细后跟，仿佛随时会在重压下被拉断。与其自暴缺点，不如选择运动休闲型或者无跟的靴子，简单轻松的设计，能让你的腿形显得苗条美丽。

如果小腿特别粗，就要注意靴子长度的选择，正好暴露出腿粗部位的靴长是绝对要避免的，紧身靴对小腿粗的人来说会有适得其反的效果。倒不如选择靴口略为宽松的，与膝盖上下保持一致，反能使小腿显苗条。

漂亮的靴子可以是全身服饰的一个亮点，但一定要有呼应。就如同你穿一件深色的大衣，或一套黑色的裙装，蹬一双玫红的长靴，那你就应该在围巾、项链哪怕是小小的发饰上有一点点玫红的点缀，不然就突兀得有些莫名其妙了。

9. 美丽的耳饰可以掩饰脸型的不足

耳环虽小，但对脸部点缀功能极强。美丽的耳环静静地贴在耳畔，美丽不约而至。耳环的款式应依据自己的脸型和颈部线条来选择，颈部修长的女性可以选悬垂式的耳环，脖子较粗短者戴贴附耳廓的为宜；圆脸型的女性适合戴多棱角的长型耳环，方脸型的女性则应戴圆形的耳环，鹅蛋脸的女性选择耳环最随意，什么样的都适合。

耳环佩戴也受身高的影响，个子较高，可以选择一些较大的钻石耳钉，或者且悬垂式的耳环也是很好的选择；而个子比较娇小的女性，则适合佩戴一些精致小巧的耳环，如蝴蝶形、椭圆形、心形、圆珠形的耳环，让女性显得更加娇俏可爱。

方形脸适宜佩戴圆形或卷曲线条吊式耳环，如长椭圆形、弦月形、新叶形、单片花办形等，让它们成双成对地在脸颊旁闪耀动人的光芒，可以缓和脸部的棱角。圆形脸戴上“之”字形、叶片形、长条形、水滴形的垂吊式耳环和坠子，它让你丰腴的脸部线条柔中带刚，少几分孩子气，多几许英姿，在视觉上可以造成修长感，显得秀气。心形脸宜选择三角形、大圆形、等纽扣式样的耳环。三角形最好戴上窄下宽的悬吊式耳环，使瘦尖的下颌显得丰满些。如果你的脸是菱形的，佩戴耳饰时要本着“下缘大于上缘”的原则进行挑选，如水滴形、栗子形的耳环。如果脸是长形的，佩戴耳饰时就需要留意选择如圆形、方扇形等横向设计的耳环，其圆润方正、弧线优美的特点能够巧妙地增加脸的宽度、减少脸的长度。

除了脸型和身高外，整体的脸庞大小也是需要重点考虑的因素，脸庞稍大的女性可以选择一些较大的耳环，反之脸庞稍小的女性选择小巧的耳钉更能衬托气质。

戴眼镜的女性不宜戴大型悬吊式耳环，贴耳式耳环会令她们更加文雅漂亮。耳环与肤色的配合不容忽视。肤色较白的人，可选用颜色鲜艳一些的耳环；若肤色为古铜色，则可选用颜色较淡的耳环；如果肤色较黑，选戴银色耳环效果最佳；若肤色较黄，以古铜色或银色的耳环为好。

耳环的穿搭法则中，最重要也是最容易心领神会的一条，就是隐去耳环之外的一切。这里的隐去并不是指完全消失和隐藏，而是让整体造型有轻有重。换句话说，就是让夸张耳环之外的部分，不要那么戏剧化和引人注意。当然，最基本的练习和不会出错的方法，就是搭配黑白灰等中性色彩的衣服。

白衬衫搭配可爱大象耳环，一点都没有觉得幼稚，反而比起单独穿衬衫要时髦多了，生活中就可以这么穿，喜欢的卡通和动物等都可以肆无忌惮戴耳朵上了。很多女性对那些花样繁多的耳环并不感兴趣，喜欢简单点的；那么戴圆圈线条、或其他几何金属质感耳环，看起来简约又时髦，搭配干练西装气场很足。有棱角和造型感的夸张耳环，搭配日常穿着让个性气质立刻显现。简约的线条，流线垂坠感耳环也很美。

穿连衣裙可选择流苏状，既由穗状物排列而成的耳环，呼应裙装的飘逸，更有女人味。穿宽松式服装或大衣，应选用无穗和扣式、多角、不规则形贴耳耳环，减轻负赘感。着出席社交场合的正装，可选择珠式耳环，如球形、水珠形、心形，用极短金属连接垂于耳部。质感华丽的正装礼服，如旗袍等，最好选择光彩闪耀的华丽耳环与之呼应。民族服装最好选择民族款式的耳环，通常用以小珠排列连缀而成，色彩有艳丽、复古，可大可小，长短搭配。

冬天要搭配饰比较难的一点，在于协调层次感的时髦度，稍不注意就跟服饰元素矛盾了。冬天常见的穿搭服装就是皮草或毛绒外套，这个时候选择佩戴一个金属质感的夸张耳环，黑金配永远不会过时。当然，戴一个珍珠耳钉也不会出错。

当然耳环与发型的搭配也不可忽略。短短的卷发波波头，可以选择一款简洁且精致的珍珠耳饰，增加自己的女人味，同时也不会让造型看上去过于累赘。直发中长款波波头既带有女人的妩媚感，还有干练的一面，所以在选择耳饰方面最好也要兼具两种效果，带有长而碎的链条的耳饰会让造型过于老气和华丽，选择带有钻石的设计款耳饰才能给造型提气。

跟马尾辫长发最相配的耳饰非夸张的大耳环莫属了，只有它才能将马尾辫的帅气与洒脱充分诠释出来。复古的卷发造型非常华丽，绝不会是你平日里的出街造型，所以这样的发型要搭配的耳饰也一定要看上去较为华丽贵气才好，颜色也可以跟衣服和谐统一。

侧边卷发的女性在戴耳环时，也可以只选择戴在露出耳朵的那一侧，并且最好选择长款的，这样才会更有气场。盘发非常干练利落，会露出整个脸型和脖子，可以用长款的耳饰来做平衡，但是在材质颜色上可以呼应你的发色或者瞳孔颜色，让整个造型更完整。

温婉动人的公主式发型注定了你的整个风格都要偏向女人味，而且在耳后有不少发量，所以不适合太大而夸张的耳环，小小的精致款钻石耳饰就是最佳伴侣。而帅气短发或超短发会让人看上去个性十足，因此在耳饰的选择上也可以做些大胆的尝试，从耳骨到耳垂的异形耳饰绝对夺人眼球，与众不同。

10. 更适合搭配手镯、手链和戒指的服装

女性的美体现在任何一点上，唇红齿白是美，身材苗条是美，皓腕

胜雪、十指如葱同样是美，故而手链、手镯、戒指这样的手部时尚饰品也同样深得女性的喜爱。

手镯与手链是一种套在手腕上的环形装饰品，它们在一定程度上，可以使女性纤细的手臂与手指显得更加美丽。

手镯有用翡玉制成圆环直接套在手上的；有黄金镶宝石后用链条连接而成的；也有以链条为主、配少量珍珠或小宝石的手链。至于用其他各种人造材料制成的手镯或手链，就更多了。仿白金的不锈钢手链，光泽好精致细腻；粗粗的彩色上光塑料手镯，以其色彩的艳丽吸引着你；古朴粗犷的骨雕手镯的象牙色，配上线条粗些的毛衣、线衫，风味独具；五彩陶土手镯浓烈的紫、红、黑、银色对比分明！大俗大雅，很有些远古的味道；三四厘米宽，由黄色、古铜色和银色组成，嵌上绞丝的铜手镯也极具特色。

手镯的选用尤其要与服装风格相一致。一套精致典雅的礼服裙华丽端庄，手上却戴乡土味极浓的陶土手镯，则显得不伦不类。直接戴在手上的首饰，可以挑一些细巧的手链。秋冬季天气渐冷，粗厚的手镯套在羊毛衫袖口外，也不失为一种点缀。

选择手镯时，还应注意手镯内径的大小，过小则会因紧贴腕部皮肤引起不舒适之感，甚至影响血液流通；过大则容易在手摆动过程中脱落而摔坏。对于玉质的手镯，试戴时宜在腕部下方垫上软物（如软垫之类），以免万一滑落坠地而摔断。

如果只戴一个手镯，应戴在左手上；戴两个时可每只手戴一个，也可都戴在左手上，这时不宜戴手表；戴三个时应都戴在左手上，不可一手戴一个，另一手戴两个。手链一般只戴一条。臂腕较细的应选择较窄一些的镯子，过宽的镯子会使细臂更显“可怜”。丰润圆满的臂腕，适合宽而松的一些镯子，细而紧的镯子会使臂腕显得更加粗大。

手镯与手链不是必要的装饰品，因此职业妇女在工作时无需佩戴，也最好不戴。出入写字楼，戴手镯，不伦不类，容易被人取笑。

不过现在大多数女性都青睐手链，因为手链更时尚、款式也更多。在一般情况下，用黄金、白金、银制成的手链，容易和各种服装相配。木质的、硬塑料的、皮革的、玻璃的、象牙的、金属的等各种材料，与时装、新潮装、便装、休闲装、运动装搭配，往往会有良好的效果。细细的手链，需要更重视它的手工是否精致。混搭各种颜色的珠子和金属装饰，营造出与以往截然不同的艺术氛围，适合用来搭配清爽的服饰。充满戏剧感的夸张手链，琉璃材质的珠子是夏天永恒不变的最佳选择。独特的手链造型，融入了民族风元素，吸引视线，搭配简约风格的T恤或者连衣裙都很时尚。皮质的手链，打上酷炫的铆钉修饰，非常有质感，绕成两圈戴在手上，看起来轻松随意，街头风十足。

纯色的小黑裙很显气质，比较单调，如果用太花哨的首饰点缀，会有种华而不实的感觉。相反一条细的手链更能衬托出气质。即便日常生活装，穿的是T恤衫，也要精致的修饰。比如搭配一条珍珠手链，整体气质就清新起来了，还特别显气质。

一般来说，颜色绮丽的服装可搭配纯正而熨帖的饰品；颜色枯燥沉稳的服装宜选择鲜明而多变的饰品，如棕色套裙配透亮的琥珀手镯和胸针；白西装套裙配镶嵌黑亮珠饰的项链和耳饰。

戒指是首饰中的佼佼者。女人的戒指一般都秀丽精巧，做工细腻。如线戒、闪光批花戒，一般仅二至三毫米宽，有的还镶嵌数颗晶莹的小钻石，美观又不妨碍平时工作；嵌宝石的戒面小巧玲珑，宝石且都有翻面，戒指脚两边镶有各式花纹，也称搭花戒。女式钻戒大多采用小钻石群镶，或以一颗宝石为主，四周盘一圈小钻石衬托。新潮的仿真戒指则大相径庭，造型奇特无所不有，从各种几何形状到富有内涵的内容体现，如螺旋形、盘绕在手指上的蛇形等，可以满足人们猎奇求新的心理。

戒指通常应戴在左手，这也是一种礼仪。戒指戴在不同的手指上所传递的语意是不同的。戒指戴在食指上表示无偶而有寻求恋爱对象或求婚的意向；戴在中指上表示正在恋爱；戴在无名指上，表示名花有主，

佩戴者业已订婚或结婚；而戴在小指上，则暗示自己是位独身主义者，将终身不嫁（娶）；拇指通常不戴戒指。戴白纱手套时戴戒指，应戴于其内，只有新娘不受此限制。钻戒是最正规的结婚戒指，它不能用合金制造，必须用纯金、白金或银制成，再镶以贵重的钻石、宝石，以表示爱情的纯洁珍贵。拥有两枚贵重戒指可以戴在同一个手指上，镶钻的位置错开，这种戴法能引人注目。珍珠戒指的周围千万不要镶钻石，保持珍珠柔和高雅的情调。戒指的粗细应与手指的粗细成正比。

手指短小，应选用镶有单粒宝石的戒指。如橄榄形、梨形和椭圆形的戒指，指环不宜过宽，这样才能使手指看来较为修长。手指纤细，宜配宽阔的戒指，如长方形的单粒宝石，会使玉指显得更加纤细圆润。手指丰满且指甲较长，可选取用圆形、梨形及心形的宝石戒指，也可选用大胆创新的几何图形戒指。

戒指也应与体形肤色相搭配。身体苗条、皮肤细腻者，宜戴嵌有深色宝石、戒指圈较窄的戒指。身材偏胖、皮肤偏黑者，宜戴嵌有透明度好的浅色宝石、戒指圈宽的戒指。

比较粗的金色戒指可以放在根部，细一点的款式则在上方，中指的戒指尽量带上细型的款式，你的手指会看起来更加修长。大颗的镶嵌宝石戒指通常是戴在中指，而小型的宝石戒指则是戴在小指，整体起来有对称且相互辉映的效果。用形状纵横交错或者铁银鍊设计的戒指，让整个细节更加完美。比较细型或者偏小型的戒指，在穿戴上如果只套上一只会略显单薄，可以运用多层混搭的方式，来显现出它的美。

玫瑰金的戒指再搭配上没有多余的规范，但是颜色易与合金色还有银色造成混淆，如果真的很喜爱玫瑰金并且想要凸显个人特质的话，也不妨再加上一个玫瑰金色的手环。通常穿戴这种戒指的时候，服装方面切忌过于单薄，可以选择华丽一点的服装来搭配戒指。

喜欢大胆宽版戒指的女性，就如同为自己的手指带上盾牌一样，要确保自己工作时不要被这些戒指所影响，依然可以正常活动。

11. 珠宝配饰，华贵的“乐章”

珠宝，有广义与狭义之分，狭义的珠宝单指玉石制品，广义的珠宝是包括金、银以及天然材料（矿物、岩石、生物等）制成的，具有一定价值的首饰、工艺品或其他珍藏品的统称，故古代有“金银珠宝”的说法，把金银和珠宝区分出来。珠宝首饰，是指珠宝玉石和贵金属的原料、半成品，以及用珠宝玉石和贵金属的原料、半成品制成的佩戴饰品、工艺装饰品和艺术收藏品。

珠宝首饰的材料往往选用钻石、祖母绿、翡翠、珍珠、宝石等名贵宝石。宝石主要有以下几个类别：红宝石、蓝宝石和绿宝石。娇艳、热烈的红宝石被世人赋予多种含义，爱情、权力、地位、尊贵，这一切都与红宝石结缘。

印象中人们形容西方美女的眼睛，常常会提到蓝宝石，那动人的光彩引人深思。蓝色，大海与天空的颜色，蕴含神秘、忧郁的意象，泛着淡淡的幽香。蓝色是人生命中不可或缺的色彩，它宁谧、深远带有与生俱来的神秘感，让你雍容大气，气质不凡。绿宝石是绿柱石的一种，又名“祖母绿”或“吕宋玉”。打眼的绿色使其在众多宝石中脱颖而出。其中以哥伦比亚出产的祖母绿最负盛名，能散发出一种特有的柔和而温暖的感觉。镶嵌绿宝石的多为黄金，那种嫩黄与翠绿的搭配让人感到勃勃的生机，绿意盎然。这些宝石可以制成项链、手镯、指环、胸针、头饰、挂件、等各种首饰。

珠宝首饰是女性的最爱，因为佩戴珠宝首饰不仅可以为服装加分，体现自身品位，更能将奢华和高贵直接表达出来。但是珠宝首饰也有自己的搭配原则，搭配得好才有意想不到的效果。

钻石可与各种宝石相配，但一般而言，带了一件镶有钻石主石的首饰（耳饰除外）一般就不必佩戴其他大颗珍贵宝石首饰，否则会相互影响，分散注意力，影响总体的美感。如希望佩戴多件首饰，钻石最好与冷色系的宝石相配，如戴钻石戒指，配珍珠项链，或K金（黄金与其他金属熔合而成的合金）项链配蓝宝石的吊坠。钻石套装通常是很受欢迎的组合，可适合各种较为隆重的场合。佩戴钻石首饰最怕多且滥，尤其是夏天。一般来说，上衣穿花，可不必佩戴钻石首饰；浑身素雅无华，款式又极其简洁，可戴一两件钻石首饰。佩戴钻石首饰并不是金银、珍珠玛瑙、翡翠钻石等昂贵的才能显示地位身份，也并非名贵的才漂亮，美国前第一夫人芭芭拉·布什经常佩戴仿真钻石首饰出席一些重大活动，不但丝毫没有影响她的魅力，反而却以质朴赢得公众的信任和好感。

一般在社交场合需要佩戴豪华端丽、线条明快的宝石或金首饰方能引人注目，一展风姿，才能赢得较多的交谊机会。结伴出游时应该选择题材活泼、造型简单、色彩鲜明的首饰，更显得自然，远观效果甚佳。不仅为了防止丢失，更主要的原因是高档首饰的严谨、华贵的风格与游玩时的轻松、活泼的环境气氛不协调。

在珠宝的领域里，东方人与西方人的偏好其实大有不同。东方人偏爱翡翠，而西方人则比较偏爱钻石。珍贵的钻石有纯白无瑕的完美特质，那些具有蓝、绿、红、金及粉红等色泽的皆属罕有，价值不菲。一颗优质美钻，除了本身优良的素质外，做工极为重要，精湛的工艺能让小小的钻石充分发挥其折光率，尽情绽放光芒。

而翡翠代表古典、润泽之美，颇具中国风味；与阴柔细腻的东方女性相配，传达出鲜活灵动的迷人韵致。玉石和翡翠首饰造型大多有民族风味，被认为有灵气，最配中国的旗袍。但是要想珠宝与服装共同营造出非凡的奢华效果来，恰当的搭配无疑是非常重要的。

（1）礼服与珠宝搭配

礼服多是出席较隆重场合的着装，比如酒会、婚礼、晚会、及其他正式性活动等，因此要选择较为名贵、时尚的首饰与之相衬。可以佩戴一些鲜艳夺目的珠宝首饰，如钻石耳环、镶钻石的胸针、红宝石吊坠等，这样便会表现出超群脱俗、高贵华丽的气质。对于礼服来说，耀眼时尚的钻饰是最适合的，是不会出错的选择。

最讲究的要数晚礼服与珠宝的搭配了。所谓晚礼服，是指露出肩、半胸或背肌的正式礼服。它要求用耳环、项链、手镯、戒指等将露出的肌肤点缀装扮起来。依照惯例，用珠宝来装饰露出的肌肤才算是穿戴得正式得体。

礼服的种类很多，随着款式颜色的变化，珠宝的搭配也千变万化，含蓄内敛或凸显个性均可，首饰与服装可选择同色系，当然也可以尝试撞色搭配。如深蓝色的套装，黑色的裙装，白色的礼服等。礼服系列的服装，一般应佩戴与服装色彩相近或互补的珠宝。当礼服上有其他颜色的装饰时，就不应戴与礼服及装饰有显著颜色区别的珠宝，否则就会破坏礼服的和谐。佩戴首饰时不要全副武装，把项链、耳环、手镯、戒指统统披挂上身，选择自己想突出的部位，只要一件足矣。

对绝大多数人来说，穿着正式晚礼服的机会很少，更多的可能是穿着半正式的礼服来出席晚宴。虽然半正式的礼服对于珠宝首饰的要求稍低，也要以略显华贵为宜。有时参加晚会，有的女士几乎是“素”身而来，一件首饰也不戴。殊不知，这也是礼仪上的一种欠缺。

（2）古典服饰与珠宝搭配

古典服饰韵味十足，珠宝方面比如小花排列的手链、精雕细刻的戒指，紧贴颈部的珍珠项链、硬币大小的扣式耳环等都能与古典型质地的服装相配，即体现出传统的闺秀风范，又是十足的古典女王范。

（3）休闲装与珠宝搭配

现在休闲装配珠宝已成为一种潮流，钻石饰品正以一种更加轻松明快、充满意趣和灵气的新姿态进入到现代人的普通着装搭配中。一般人在工作之余或在一些轻松愉快的场合往往喜欢着便服，如T恤衫或一般的裙装，这时戴一些主石不太突出的由一般的宝石或人造宝石镶嵌的首饰，如“苏联钻”、石榴石等是较为合适的。相反，如戴一些过分夺目的贵重宝石，如彩色碧玺、红宝石、绿翡翠等，则会显得不协调，会破坏轻松的气氛。这种场合穿戴件数过多的珠宝亦无益处，会给人一种杂乱的感觉。在穿休闲服时佩戴一两件珠宝，不经意间隐约透露出些许性感。

（4）职业装与珠宝搭配

职业装是职场女性工作时的着装，以西装、制服为主。体现的是庄重、干练的气质，项链、手镯、耳环、胸针、戒指都可以佩带。其实，自己花一点心思，就能挑选出适合自己气质和格调的珠宝首饰。为了突破职业装色调的单纯性，可以在胸前和发际，以及项链上搭配一些色调活泼的有色宝石，透射出女性的生机和俏丽。这种有色宝石的挑选，要注意，宝石的品级，宝石的色调要地道艳丽，宝石的反火要好，宝石要有灵气。

职业装配珠宝首饰的造型不宜过于繁杂，应选择大小适中、形状线条简洁、适度时尚的珠宝首饰。不宜选择颜色艳丽、造型花俏的廉价首饰，容易给人轻浮感。

（5）时装与珠宝搭配

时装的风格最为多样化，首饰的搭配也最富有情趣，必须根据时装的风格选配适合的首饰，宗旨是协调。比如波西米亚风格的时装应佩戴造型较为夸张、款式比较个性化的木质或绳系首饰才能展现其自由不羁的风格；中国的传统旗袍或者中式服装可以选择传统设计的镶钻石、黄金、翡翠系列的首饰。长裙和珠宝的搭配主要是看长裙的款式，颜色，面料等来决定选择什么样的珠宝来搭配。

（6）发质与珠宝的搭配

有一头油亮乌黑头发的女性，佩戴颜色鲜艳的宝石耳环是协调的。反之如头发较枯干，则应考虑宝石和玉石耳环，如绿松石、芙蓉石等。

现在的金饰已经摆脱了传统的保守形象，时尚又精巧，对应不同场合与服装搭配，品位绝对不俗。优雅的针织两件开衫，搭配犹如毛衣链般的长款样式，让整体造型奢华又柔软，风姿绰约。富有设计感的金饰，与职业装相得益彰。

总之，不同的佩戴者可根据不同个体的特点、气质修养、佩戴氛围等精心选配珠宝首饰，充分体现出佩戴者独有的气质，更具个性化的整体形象，让人眼前一亮。

第八章

重视整体协调，让妆容和发型为衣饰添彩增色

完美的造型搭配并不单单只是服装搭配，从鞋袜、丝巾到珠宝手包，擅长穿搭配色的女性都懂得如何运用服饰小配件来为造型加分，但是，妆容也是整体形象协调的重要环节，妆容、配饰都能与服装完美搭配，整体的造型才会美感十足，协调和谐，带来美的享受。

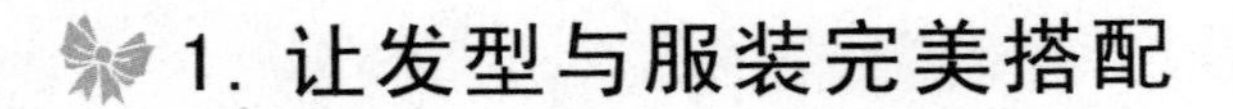

1. 让发型与服装完美搭配

不同的发型会让你有不同的气质，换了发型之后，衣柜里的一部分衣服可能需要更新换代，发型的好看与否与自身的穿着是否搭配有很大的关系，一个好看的发型若没有完美的穿衣搭配相衬，就不能凸显出完美的气质。

（1）长卷发的服饰搭配

长卷发给人以高贵、优雅、成熟的感觉，让职业女性显得比较浪漫和充满女性韵味，不过，长卷发也会让女性显得老气，所以在服饰搭配上，就要下一些功夫。长卷发发型的女性可以选择短款的韩版小棉衣、铅笔裤、高跟短靴，将老气转化成可爱，也可在头上戴只发箍，让发型不至于那么死板，增加活泼的感觉，让整个人焕发出一种生动、活泼的感觉。

裙装上，蓬松的中长卷发无疑是最适合修身连衣裙的，优雅知性。性感的丝质长裙，配上一款长长的卷发，无疑会让魅力直线上升。侧扎的长卷发更显性感女人气味十足，优雅的裙子展示出了小清新的美。好看的碎花裙子需要长卷发来搭配，卷发随意散落在肩膀上，清新文艺。而端庄的着装配一头长长的卷发，不仅体现了女性的优雅端庄，更显精明强干的气质。

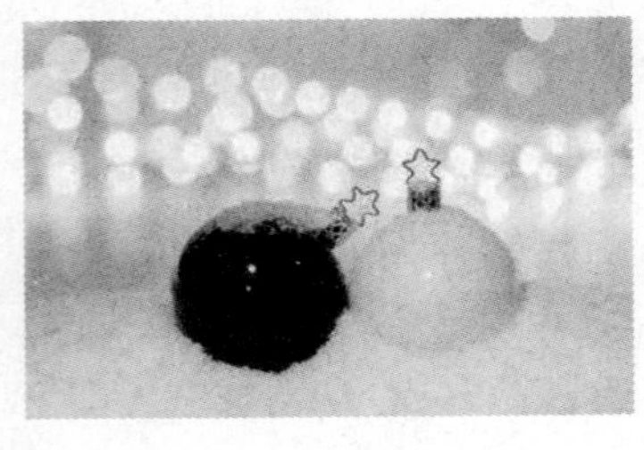

对于职场上班族来说，时尚的波浪大卷发看起来格外适合，大卷发采用侧分刘海、头发侧分的改变，头发两边底部进行特别加工，比一般的卷发更大卷，利用大卷的效果，来营造一种蓬松感。穿搭一身白色修

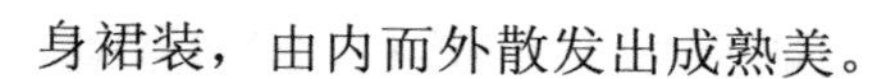

身裙装，由内而外散发出成熟美。

（2）长直发服饰搭配

长直发是女性最简单的发型，给人一种清新自然的感觉，流露着古典与淑女的气息，清纯阳光，太过性感的装扮会不太协调，可以试试气质型的搭配，不必太过花俏，复古感的装扮也是很好的选择。长直发女性在选择衣服的时候可以选择领口是荷叶边或者蕾丝边的衣服，衬托自己的清新和自然，或者选择有蝴蝶结的装饰来弥补自己直发所造成的视觉上的单调。长直发可以变换的发型很多，每一种发型都能为你带来新的改变。不过，这还是需要通过得体的服装搭配来让你更好地展现气质。

一些具有垂感的服饰能让你显得更优雅有型，增添你的干练气息。将长直发扎起来，会显得十分清爽，可以搭配运动服饰或者休闲服饰。

搭配休闲的针织开衫和长裤帅气中性。看上去非常文静的女孩子，自然的长发随肩散落，淡雅可人，蕾丝拼接的连衣裙，凸显乖乖女的个性，可以试着在发间别上发饰，更加可爱。偏向素雅风格的连衣裙，裁剪很简约别致，配上简单的黑色披肩长直发，露出额头，简约、清纯。

咖啡色格子衬衫连衣裙，复古又带有文艺气质，单穿这样的裙子会显得有几分老气暗沉，但配上清新的长直发，瞬间就有了文艺范。腰部搭配上棕色细腰带时尚气质飙升。文静的女生，素雅的颜色更适合，低调的灰色特别显气质，灰色的格子长裙具有英伦学院风。

（3）波波头服装搭配

波波头是一款很能让人显小的短发造型，它一直是时尚的潮流之一，从不落伍，适合的年龄也很广。在搭配一般的服装的时候，波波头看上去就偏向于乖巧一些。齐刘海的修颜波波头，搭配小西装显得纯净低调。波波头适合走韩风路线，像连衣裙、雪纺衫都很合适，小腰带加上裙子，铅笔裤配上各种款式的T恤衫，学生风造型的衬衫配上小牛仔短裤加上黑色吊带背心都是经典的搭配，用大蝴蝶结来装饰就显得更加可爱了。比如波波头配粉嫩的蓝色连衣裙，让人感觉就像去了海边度假，分外惬意。如果配裸色蕾丝连衣裙，则散发出可爱的小女人气息。

偏分梳理的波波头短发，丰盈而和婉，黑色的发丝间几缕紫色的挑染引人注意，偏分梳理的波波头短发与条纹简约的职业装最相配了，优美中展示干练。穿上白色小西装，很符合职业的女性的身份。平分梳理的及肩波波头短发和婉，随风飘动，很是飘逸，将刘海与侧边发丝向两侧梳理展露出白净的脸庞，穿上白色衬衫与黑色A字裙，尽显女人的优雅魅力。斜刘海波波头短直发很丰盈，染上栗棕色，穿上白色轻纱长裙，演绎夏日浪漫，淡淡的优美与婉约由内而外的散发出来。

（4）短发的服饰搭配

越来越多的女性都选择短发，那种干练、清爽，甚至带一点点帅气的短发让许多女性都十分喜爱。夏天里，一头清爽利落的短发让人好感顿生。利落短发的女性，可以选择黑色西服来衬托自己的帅气，再配上高跟鞋，又增添性感的魅力。如果你是职业女性，那么白色的衬衫是必备之物，看起来干练、独立。如果是年轻的女孩，可选择一些运动型的衣服，看着更精神，更有朝气。

短发同时也象征着青春，活力无限，因此与时尚度超高的牛仔单品也是相当合拍。一条做旧功的水洗牛仔热裤搭配白T恤衫也会让人过目难忘。

（5）丸子头服饰搭配

丸子头的式样很多，大多都是在马尾辫的基础上，再把头发拧成一股，盘成一个圆盘状，用黑色的发夹固定。丸子头既可彰显女孩子可爱的一而，也可以在出席宴会时作为盘发，显出高贵气质。这样的发型清爽又端庄，能够凸显五官的精致，搭配女神级的优雅长裙是非常恰当的选择，既不会过于性感，又能散发独特魅力。

梳丸子头的女生可以用黑白格子衬衫，随意搭配出休闲甜美的感觉；

也可用条纹衫搭配街头味厚重的高筒运动鞋，同样有休闲的效果；还可以用黑白花雪纺上衣，内搭简单白色T恤，让自己的装扮更加有层次感；也可用轻薄的雪纺料马甲，柔软的材质让人倍感清新；还可用长T恤配上九分裤来搭出休闲味。

2. 妆容要与衣饰协调

一个完美的造型其实是从妆容、发型和服装三方面一起搭配出来的，因此，妆容的设计与服装是分不开的。擅长穿搭配色的潮人们，都懂得如何运用服饰小配件来为造型加分，但是，如果只擅长服装搭配，不熟悉彩妆搭配，那也会让服装减色。所以爱美的人，不仅要关心妆容与服饰的完美程度，并且要懂得两者之间的搭配技巧，才能让自己完美无瑕，充分显示个人品位。

妆容与服饰搭配的总体原则，一定要足够得体，让两者完美地统一起来。特别是对于不同色系的服装，妆容的协调性更为重要。也就是说，选择服装色彩和化妆品色彩的时候，我们应该遵循平衡的原则。平衡的原则就是：平衡好我们脸部皮肤的色调、头发颜色、黑色的眼睛之间的对比关系，使这种对比关系展现出漂亮的色调。

在搭配时，服装与化妆品是分不开的。服装与口红、唇线笔、眼影、胭脂、指甲油这六个部分，共同组成整体的妆容和衣饰造型。如果穿单色的衣服，比如粉红、蓝色、紫色、青色加青绿、酒红、银色、霓红等粉红家族的颜色，就要用与粉红家族相对应的口红、唇线笔、眼影、胭脂和指甲油。如果穿橘红、褐色、绿色、黄色等颜色的衣服，就要用与之颜色相同的化妆品。如果衣服是高光色，如古铜、金色、银色，可以用任何颜色的口红，嘴唇看起来都会更丰富，更立体。

如果穿中性颜色的衣服，可以用任何颜色的化妆品，如果用中性颜色化妆品，可以搭配所有的衣服。如果衣服有很多不同的红色，就找出最深、最耀眼的红色为主导色，然后配上相应颜色的口红。

如果是花色的衣服，就选出占主导色调或最接近脖子和脸的颜色，然后配上相应颜色的口红。如果是桃红色的衣服，这是一种中性红，一半是粉、一半是橘，搭配时请用粉红和橘红的混合色口红，胭脂也是一样的。霓红是一种特别的红，只可以搭配霓红的化妆品，比如我们的摩纳哥粉红口红和艳粉红指甲油。

如何巧妙地搭配颜色，需要很长时间的钻研和学习，我们前面讲过关于色彩的基本知识，运用这些知识，就可以很和谐地搭配色彩不会出错了。

任何三原色与无颜色搭配均为同类色，同类色搭配具有稳定温和的感觉。如红色和红加灰，黄色和黄加白，都是适合的搭配。

邻近色的搭配，如红与黄、蓝和绿、橙与黄等也很合适，邻近色的搭配有柔和自然的效果。

需要谨慎的是对比色和互补色的搭配。对比色指在色相环上处于120～150度的任何两种颜色属于对比色。这种搭配要小心，对比强烈，组合较复杂，稍不慎即会产生刺眼和杂乱的效果，如红与绿，互补色是指在色相环上处于180度的一对色，如“蓝与橙、黄与紫、红与绿”，每对颜色调合后均为黑色。这样的颜色搭配需要有技巧，可适当提高明度、暗度来调节。

最保险的是三原色与无颜色的搭配和邻近色的搭配，如，蓝上衣加白裤子是可行的，加绿裤子也可以，眼影有中蓝眼影加绿眼影也是可以的，唇膏配紫玫色。眼影中绿眼影配金黄眼影，加橙色唇膏也是可以的。

黄色衣服千万别配紫色裤子，会非常难看。

化妆品的色彩与服装必须协调搭配，才能表现出最好的视觉效果。化妆品的颜色大致分可为寒色系、暖色系及中性色系。寒色系有蓝、紫、青、葡萄红、豆沙红、粉红、桃红、酒红、枣红；暖色系包括绿、黄、褐、橘、咖啡、秋香；中性色系有黑、灰、白。

如果衣服属于寒色系，那么化妆品最好也使用同一色系。例如，蓝色服装可搭配紫色眼影及粉红色唇膏；绿色服装可搭配咖啡色眼影及橘色唇膏。至于中性色系的服装，则可自由搭配。

穿着红色衣服时，脸部的底色最忌泛黄，所以可以用粉红色的粉底打底，面霜与粉底同色或比粉底稍淡的同系色，眼盖膏用灰色，眉笔用黑色，胭脂可用玫瑰色，唇膏和指甲油则用深玫瑰色较和谐。

绿色象征自然、成长、清新、宁静、安全和希望，是一种娇艳的色彩，使人联想到自然界的植物，不过，绿色本身很难与别的颜色相配合。穿着绿色系统服装时，粉底宜用黄色系，面霜用粉底色或比粉底稍浅的同系色，眼膏宜用深绿色或淡绿色（随服装色彩的深浅而定），眉笔宜用深咖啡色，胭脂宜用橙色（带黄的红色），唇膏及指甲油也以橙色为主。

白色象征纯洁神圣、明快、清洁、和平，最能表现一个人高贵的气质，特别是在夏季，穿着一身白色的服装，要比深色服装更凉爽。

妆容应采用深色的粉底来打底，使肤色不致因为服装的白色调而显得过分苍白，夜晚穿白色衣服时，化妆要比穿别类颜色衣服时稍淡一点，以免在灯光下脸色显得太暗，而与白色衣服造成强烈对比，反而不美。

黑色服装不失为各种颜色最佳的搭配色，除了新娘子忌用黑色之外，其他时候，黑色都可以单独或配合使用。有一点要注意，那就是黑色与中间色的搭配并不容易讨好，如粉红、灰色、淡蓝、淡草绿等柔和的颜色放在一起时，黑色将失去强烈的收缩效果，而变得缺乏个性。

使用化妆品时，粉底宜用较深的红色，胭脂用暗红色，眼影可以随意选用任何颜色（如蓝绿咖啡银色等），注意眼睛需有充分的立体明亮感，而口红宜用枣红色或豆沙红，指甲油则用大红色，粉红色的口红与黑衣服互相冲突，看起来不协调，应该避免。

3. 日常化妆基本步骤与技巧

爱美之心人皆有之。但女人对美的向往比男人更强烈、更执着、更痴迷。常常听人这样谈论女人：“上帝给她一张脸，她能另造一张出来。”换句话说，女性很大程度是靠巧妙的化妆而变得更加靓丽的。所以化妆是值得女性学习和研究的一件事情。

能够化好妆，并不是件容易的事。那么多的化妆品，那么多的化妆工具，那么多的化妆色彩，得花一些时间练习，才能够应用自如。学会常规的化妆技巧并不是很难的事。

化妆之前，要学会挑选最适合自己的化妆品，而选对化妆品的前提是了解自己的皮肤性质。干性皮肤的特征为毛孔细小，表面几乎不泛油光，极易形成表情纹，尤以眼部及唇部四周最为明显。中性皮肤看起来很健康且质地光滑，有均衡的油分和水分，很少有痘子及阻塞的毛孔。混合性皮肤看起来很健康且质地光滑，唯在T型区，即额头、鼻子、下巴的区域有些油腻，而两颊及脸部的外缘有一些干燥的迹象。油性皮肤的形成是因为皮脂腺分泌过多油脂，使皮肤油亮，有时在清洁过后数小时皮肤会有粘腻感受，油性皮肤其他的特征为毛孔较其他的肤质粗大，较易阻塞，且容易长痘子及出现其他皮肤问题。敏感性皮肤易受环境因素及局部涂敷品所刺激，皮肤较薄，可见微细血管。

如果是干性缺水性皮肤，就要挑选滋润型洁面产品以及丰厚质地的面霜，每周的补水面膜也不可少。年轻时候肤质细腻，但是随着年龄增长，渐渐感到皮肤紧绷脱屑，滋润的精华素和面膜可以加入购物清单里了。若有美白的需要，不要使用全套美白产品，可能会比较干，挑选一款美白精华素配合现有的滋润产品一起用即可。

如果是中性混合性皮肤实在让人羡慕，基础的洁面乳液保养即可，只需随着季节变化选择。冬季选择质地丰厚的乳液面霜，夏天选择无油的乳液或者啫喱。光老化是你最需要担心的，再多再好的资本也会被阳光夺走，所以防晒很重要，即使在室内也要防晒。

如果是油性皮肤，请勿走入控油误区，不要一天洗三次以上的脸，不要洗完什么都不涂，不要以为自己什么都不缺就是油多，其实很可能是极度缺水的肌肤，皮肤过度清洁后开始缺水，油脂腺大量分泌油脂想锁住水分，发现出油了就使用吸油面纸去除油分，连着少得可怜的水分一起去掉了，肌肤立刻出油，马上去洗，恶性循环，越洗越油越油越洗。所以油性皮肤需要一款好的洁面产品，不要过度去油，洗好脸立刻拍上补水的化妆水，同时涂上无油的乳液锁住水分，大量补水才能控油。

敏感性肌肤的女性选择化妆品一定要慎重，尤其对美白产品的选择一定要当心，美白成分容易引起敏感，即使是非敏感皮肤也可能对某些美白成分过敏，不宜过度去角质，不宜使用撕拉式面膜，温和的产品最适合。

选好化妆品，就可以化妆了。化妆的基本步骤包括：

洁面：用有效的清洁用品彻底清洁；

护肤：涂抹能改善并保护皮肤的护肤品，包括紧肤水或爽肤水、面霜、眼霜；

打粉底：好的化妆应使用几种颜色的粉底，将面部呈现出立体效果，显示出明暗差异；

修眉：描画之后再用眉夹和眉剪修整；

画眼：画眼的顺序是眼影－眼线－鼻翼－睫毛。

涂腮红：涂腮红的同时应注意修饰脸的其他部位，如额和下颌。

涂口红：先用唇线笔描画，再用唇刷或口红棒涂抹。

日常的妆容以淡妆为主，但是淡妆不是简单地化妆，而是更用心地化妆。日常淡妆基本步骤是：

（1）清洁面部皮肤

在未涂敷底色之前，必须将面部皮肤的不洁之物除去，才能开始化妆。除去面部油污的方法，一般有油洗和水洗两种。如果条件允许，最好是油洗，即选用洗面霜、清洁霜这类的油质皮肤清洁剂洗面。它的优点是，既能除去面部油污使面部洁净，又能保护皮肤，免除肥皂等碱性物质对皮肤的不良刺激。

用爽肤水轻按面部和颈部，然后再加一层有色润肤液，使未经化妆的面部洁净、滋润。这种有色润肤液，不仅对皮肤有益无害，而且能增强化妆品效能，使妆容持久、均匀、细柔。特别是夏季，使用润肤液可使皮肤呈现天然的颜色，有利于保护皮肤。

（2）打粉底

用少量粉底涂在脸上，再用棉球或海绵将粉底仔细地抹匀，一直抹到鬓边和颌下，以免出现痕迹。然后用少许油质眼影膏打底，它能将眼影粉的颜色表现得更加纯正；颧可用少许油质眼影膏打底，用指尖在颧骨上轻轻抹匀。如果要遮盖眼睛上部的黑圈或面部的瑕疵，可先涂上遮瑕膏，并用海绵抹匀。但应注意，千万不要涂到眼下细柔的皮肤上。

（3）清扫眼影粉

用毛刷清扫眼影粉，使不同颜色的眼影粉刷得更加均匀。然后，在眼睑内侧涂上较深的眼影，以衬托出鼻子的线条，这是我们东方人脸部妆容常用的一种技巧。

（4）画眼线

用黑色眼线在上下睫毛线上画眼线，这样眼睛就显得炯炯有神，使人更具魅力。

（5）扫睫毛

用睫毛卷，从睫毛下侧向上扫两次，待干。当扫下睫毛时，可先用睫毛捧扫一次，再用干净的睫毛刷轻扫。

（6）打胭脂粉

打上胭脂粉，能使整个脸部显得柔美自然，也能使颧骨显得突出。然后再用同色胭脂粉轻扫太阳穴部位，便可使面部色彩显得浓淡和谐。

（7）画唇形

首先在原来的唇线上搽粉底，再打粉，然后用唇笔画出所设计的唇形。在上下唇中加上珠光唇彩，以增光泽。

完成上述几个步骤后，日常淡妆就算化完了。化妆完毕的面容应毫无痕迹，并显得典雅大方。这样，就算达到面容化妆的预期效果。

不过，给几个关键部位化妆，如眼部、眉毛、唇部，还是需要技巧的。

眼部化妆是整个化妆过程的重中之重，它可以直接影响到一个人的精神面貌与气质，而且可以很好地掩饰眼睛的缺陷，使双眼熠熠生辉。如想让小眼睛变成大眼睛，关键就是要画好眼线。在画眼线时，选择黑色眼线笔，并适当把上眼线画得粗些，这样眼睛看起来会大很多。圆眼睛的人在画眼线时，注重拉长效果，内眼角（眼头）和外眼角（眼尾）处画长、画重一些，眼睛的中部可以略为带过，这样眼睛会变长，使眼部更好看。细长形的眼在画眼线时，上下眼线要画得圆一点，眼线中部要适当加粗。单眼皮的女性可以在离开上眼线4～5毫米处，用深色眼影向上扫，也以此线为界，让眼影由深到浅地晕开。在画眼线时，要上下眼线同粗，且拉伸到眼尾处时不交汇，最后用白色珠光眼影在眉与眼线上4～5毫米之间涂匀。肿眼泡画妆时眉形以直线形为准，这样可以使眼部浮肿的感觉减弱。上下眼线从眼头处向眼尾处描画时都应逐渐加宽、加深，从而加强眼部的深邃感。眼影以深棕色为主，由眼皮中间逐渐向上、向下，由浓到淡渐渐晕染。眼尾上翘的眼睛会给人泼辣的感觉，要改变这种感觉，在画上眼线时要眼尾部分细、中间部分粗，下眼线的眼尾部分要画得下垂些、重一些。下垂眼睛的人有些“可怜巴巴”的样子，化妆时就要把眼尾挑上。所以，上眼线的眼尾部分要画得上翘些，下眼线的眼头部分画得重一些、粗一些。眼头部分有了下压的感，自然在视觉上眼尾处就挑上去了。与眉毛距离较近的眼睛，要改变这种缺憾其实很简单，上眼线只画头和眼尾部分，中间部分一带而过甚至不画都可。

除了眼睛，眉毛也是化妆的重要内容。每个人的眉毛都不同，对眉毛的化妆也就各异。有些人的眉毛只要梳理整齐就行，有些人的眉毛只要拔除几根就行，但大部分女性对眉毛的化妆却要倾注较多的心力。眉毛化妆的第一步便是描绘眉形，先为眉毛修出一个好的形状，然后轻轻地、仔细地将颜色调匀，再抹去一切可能被看出的色块。当眉毛的形状修好后，用眉刷进行最后的整理。

有的女性的眉毛过于稀疏，可以用眉笔细致描绘出眉毛，画完之后再涂同一色调的眼影，就可以很好地为眉毛化妆。一支眉笔沿着外鼻侧对齐外眼角画一条直线，这条线与眉毛相交处即是最佳的眉端位置，确定好形状之后再拔去不要的眉毛。

唇部化妆也是非常重要的，如果是简单化妆的话，描眉涂口红就化好淡妆了。唇部是脸上最有颜色的部位，因而画法和颜色都要与人物的风格、情绪等相配，才能实现完美的妆容。

要想画出一个漂亮的唇形，先得知道什么是标准的唇形。标准唇形的嘴唇长度，应当与两眼内眼角之间的长度大致相等。面对镜子，平视自己，由眼角内侧向下画一条垂直线，两嘴角应该在这两条垂直线上。

标准唇形为上唇厚约5-8毫米，下唇厚约10-13毫米。唇峰的位置应当在两鼻孔的正下方。一般化妆都尽量使嘴唇能保持标准唇形的样子。

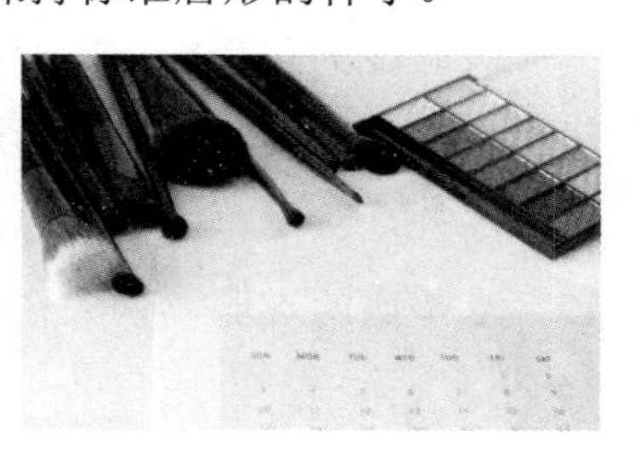

化妆时，首先使用化妆棉蘸少量粉底涂在唇上，这样可以使唇膏抹得更均匀、更持久。然后使用唇线笔勾画出唇线。顺序是先画上唇，再画下唇，上唇由唇中向上呈弧形，描出唇峰，再描至唇角，两边分开画，注意中间的连接。下唇先从距离手较远的唇角开始画至唇中，再从较近的一边唇角画至唇中，与另一边的唇线会合。再使用唇刷将颜色涂在整个唇部，也可以直接用唇膏上色。如果不小心画出唇线外面也不用担心，用棉棒小心擦去即可。注意涂唇膏的距离应该比唇线的距离向内1毫米左右。再使用化妆纸吸干油脂，再画一次，这样会比较持久。

一般来说，肤色白皙者适宜玫瑰色系，可使皮肤显得红润健康，具有透明感。肤色偏黄者，适宜咖啡色系，冷色系的口红有修饰肤色的作用。皮肤偏黑者，适宜橘色系、红色系，强调健康活力。肤色无光泽者，适宜红色系、高明亮度的色彩，可以增加面部的光彩，使其显得亮丽、鲜艳。

4. 修饰脸型的化妆技巧

妆容也与脸型有关，高超的化妆术还能很好地修饰脸形。化妆得体，可以让每一张脸都变得美丽无双、艳丽无比；化妆不好，有可能漂亮的脸也变得难看起来。所以化妆还是要讲究技巧的。要重视审美和品位，既让流行色彩在搭配上相互变化，又要产生自然和柔美的效果。

大脸庞的化妆须使用明亮色突出中心。化妆时，在脸部中央施以较浅色的粉底霜或粉条，在边缘部分用较深色的，这样脸庞就会显得小一些。此外，头发可以采用包起来的式样，如蘑菇式、童花式等。着装亦宜穿有垫肩的衣服，使人在视觉上产生错觉，感觉脸庞与身材的比例正合适。

脸庞过长者宜使用腮红，以颧骨为中心横向刷，延伸至鬓边，脸上较为饱满的地方则不要用腮红。额际横向施染，下颏也用渲染法使之缩短。强调眉、眼、唇等有表情的部分，描画锐角粗浓的长眉，并在眼角与眼尾横向涂渐层眼影，擦染睫毛膏，使眼睛顾盼生辉。

圆形脸的特征趋短而颊部浑圆。化妆时，在脸部中央的额头、鼻梁和下巴前方抹上明亮色，相对在太阳穴及双颊涂抹阴影需从脸颊后方向前由深至浅逐渐淡化，明、暗两色粉底交汇处要色调融合，以免出现明显的界线。不宜有突起状眉峰，若较短的可用眉笔将眉尾适当延长。眼影应从眼睑中央开始朝外且顺着眉毛方向刷。口红宜选用稍微黯淡的色，如橘色、米白色之类，更重要的是画出鲜明的唇线轮廓，不可给人以圆唇的印象。

方形脸的基本特征是额宽、颧满、下颌骨向左右横扩。方形脸的化妆要点是尽量改变棱角分明的形象，用影渲染，造成曲线柔美的感觉。眉毛宜微微上挑，呈长弧形，以褐色系为主。眼部亦选用褐色眼影，显得自然柔和，双颊以较深色泽，由颧骨扫向眼窝下部的方向，加重腮红，使脸形看起来不那么方阔，下颌也以渲影色掩饰突出、硬朗的线条，让下颏显得窄一些。唇部选用深色唇膏，要涂得丰润柔顺，避免锐角。

心形脸圆额、丰颊、尖颏，适宜用深灰色的眉笔或眼影粉均匀地勾出眉形，然后以桃红眼影在眼角着色，以灰蓝眼影在眼尾上色，中间涂刷白色作为亮点。腮红选用较深色泽的，由外扫向眼窝上部的方向。唇部则以深橘红色为主色。

菱形脸的人通常偏瘦，脸部没有多余肌肉，额头狭窄，颧骨高耸，下巴尖伸，整体轮廓过于刻板瘦削。菱形脸的化妆要点是将尖锐的线条改得和缓、柔顺些，以消除生硬的印象。眉形直取舒缓的调眉头。在颧骨部分和下巴尖处染入泻影色，鬓边和颊下则染入匀明色，这样，突出的颧骨和尖削的下颌在视觉上得以消减，同时，凹陷的额角和脸颊也能显得丰满。

三角形脸（上尖下宽）的下半部脸型阔张，化妆时应尽量缩小下颌线条，在颊部刷入较宽的阴影，并延伸到下巴附近，使宽阔、饱满的下巴不致太明显。额头施以较明亮的色彩使之增广，眼尾部分亦使用明色眼影。眉毛以画直为佳，末端微微上斜。口红曲线力求自然，尤其下唇要有分量感。

倒三角形脸（上宽下尖）的脸幅较宽，但脸庞下半部即从颊至下巴处较纤细。化妆重点是让过分瘦削的颊变得丰润一点，以增加温柔与可爱感。选用深色腮红在颊骨部位横向染入，如此可掩盖脸部阔度，同时用渲影色使宽额紧缩，用匀明色使尖削的颊与颏显得丰满；唇与眉取圆滑的形，眉毛成一个弧度往下，眼影亦向下涂成朦胧状态，睫毛膏在眼角处染得浓些。另外要注意的是色彩宜澄净明朗，勿用黯淡浑浊的颜色。

椭圆形脸是传统美女最基本的条件。这种脸形的化妆方法是：用眉笔由内向外修饰眉形，再以棕色眼影在眼角部位上色，中间部分选用白色眼影，眼尾则涂刷灰色眼影以加重明眸的深邃感。腮红采用浅粉红色系，沿着颧骨扫向眼窝下部的方向。最后以唇线笔勾画出唇部轮廓，并用粉红色唇膏涂匀。

颧骨宽、上颌窄、下巴尖是钻石形脸的特征。钻石形脸的化妆法是：先柔和地描出眉形，以减硬朗之感；以橙色眼影为眼部位着色，眼尾用褐色眼影，中间则以白色调眼形，最后以一点点绿色突出眼部轮廓。双颊宜使用深色系腮红，在颧骨处由外扫向眼窝上部的方向，愈深愈好，有助于掩饰过于突出的颧骨。唇部同样以选择深色系唇膏较为理想。

长得十全十美的人很少，但通过高超的化妆技术，可以掩盖缺陷，给每一个女性一张完美的脸，让你穿上任何服装都美丽无双。

5. 化彩妆，别忘了要搭配服装的色系

彩妆现在大行其道，几乎人人都化。但人的气质特点各不相同，有人是清纯可爱型，有人是高雅秀丽型，也有人是浓艳妖媚型等，色彩也有它所代表的特点，清纯可爱型的人要选择粉色系列的化妆色彩，忌浓妆和强烈的色彩；高雅秀丽型的人可选择玫瑰或紫红色系的色彩，眼影尽量不用对比强烈的颜色，以咖啡色、深灰色最合适；浓艳妖媚型的人可选用热情的大红色，眼影可采用强烈的对比色，如用深绿或深蓝色作为眼部化妆时的强调色。

化彩妆时，以下颌与颈部连接的部位肤色来试粉底的颜色，最好与肤色完全一致或比肤色浅一度的颜色，千万别选太白或太暗、与自己肤色差异较大的颜色。肤色较白的人，可以用粉红色系列；而肤色较深的人，应选用咖啡色系列，使肤色看起来更健康。有银光的腮红可用来修饰额头。淡粉色腮红可以从颧骨的中央向太阳穴轻扫。避免使用鲜红或棕红色，这两种颜色对白色皮肤来说都过于强烈。眼影以中间色最佳，比较流行的是咖啡色、淡棕妆面及浅棕黄色。眼线应该柔细，而以棕、深灰勾画，口红应选中间色调的，以红、朱红为宜，切忌使用蓝色系列的。同时白皮肤的人还可采用无色睫毛膏，配合无色彩的眼部化妆，更显清

秀端庄。

肤色较黑的人，略施蓝色粉底，眼影用紫色冷调，眼下以蓝色画入，以强调肤色的美感。颊红和口红用大红相衬，充满青春的气息。

肤色较红的人，粉底、颊红、口红都用粉红色，眼影用蓝色，以求自然柔和，如果要突出脸部，可先用橙色，然后再配粉红，以显活泼可爱。肤色也可用粉红色粉底，再加上赭色，显得成熟。也可以用微绿色粉底让脸色更显白。

肤色发棕的人，口红可用橙色，然后再配粉红，显得生动。颊红选橙色，眼影用绿色再加粉红或棕褐色，眉毛用棕褐或浅黑色，能突出女性的智慧和个性。

口红可以选浅色有银光的口红，有使嘴巴显大的效果。口红与肤色的搭配也有学问，皮肤较黑的人，不可涂浅色或含银光的口红，因为浅色口红会与肤色形成对比，使之显得更为黯淡。而肤色较白的人较幸运，任何颜色皆可用。皮肤较黑的人必须特别注意色彩的选择，避免用黄、粉红、银色、淡绿或浅灰色口红。可涂暖色系较偏暗红或咖啡系的口红，将皮肤衬托得较白也更加协调。

彩妆化好了，还要与服饰搭配，才能使整体的形象更美更有韵味，而且有时候彩妆与服饰搭配不当，反倒会影响整体的形象。所以，搭配得当才更有益。搭配时注意以下几点：

一是穿着浅色如粉色系列的服装，在化妆时色彩应该素雅，与服装的颜色一致。

二是着深色单一色彩的服装，可选择临近或同色系的彩妆搭配。比如着绿色或蓝色服装，可选择对比色系的彩妆，如大红色、橙色来搭配。

三是着黑、灰、白颜色的服装，可选择较鲜艳、较深、无银光的彩妆来搭配。

四是着红色系有花纹图案的衣服时，可选择图案中的主要色彩或同色系但深浅不同的色彩来搭配。

五是穿着有花纹图案的服装，其中主要色彩是蓝、绿色系，则化妆色彩可采用对比或对比同色系的色彩来搭配。

六是眼部化妆的色调，可选用与服装相同或对比色来搭配。

比如，粉红色的眼影加上一点小妩媚和烟熏妆，搭配斜露肩的宽松T恤，是一种摇滚风格的造型。冬季流行的毛毛帽子以及豹纹性感裙都具有诱惑性，彩妆就不用突出太多或者五彩缤纷，一点点黑色的眼影晕染就能与服饰配合得恰到好处。冬天红色的帽子要配上红色系的彩妆才应景，淡雅的底妆加上浓郁的紫色眼妆突出了眼睛的重点，红色的唇与红色的美甲会更有暖意。

如果戴一副百搭的时尚大眼框眼镜，那么彩妆就可以不用太认真晕染了，因为戴上眼镜眼部妆是看不到的，搭配服装则以眼镜为主了。

越是浓烈的彩妆越需要炫酷的服装来搭配，太过平淡的服装搭配浓艳的彩妆会很不协调。比如粗眉与魅惑的眼妆及眼角的彩绘，都相当酷炫，再配上一些带柳钉的牛仔服，不仅很有朋克味道，也充分展示了个性。

蓝色的眼影就已经够让人觉得惊艳，而且有种张扬感，搭配几何图案吊带连衣裙，袖口蕾丝边，领口皮草边，性感妖娆，大胆妩媚。

性感红唇妆和闪亮发饰搭配出炫亮的效果，眼部的彩妆让眼睛看起来深邃无比，头发的颜色与唇色更加深了艳丽感。

总之，彩妆与服饰搭配的关键同样是协调，色彩调和得当，就会很美很漂亮。

6. 职业装搭配淡妆，无声的美丽

一般来讲，职业女性着装以整洁美观、稳重大方、协调高雅为总的原则，还要考虑到服饰、色彩、样式与自身年龄、肤色、气质、发型、体态相协调，着装要符合时间和场合，不同的场合有不同的着装要求，选择服装时要注意符合这些要求。

首先，着装风格要符合职业特点。想要树立完美的职业形象，着装的学问是必须要掌握好的。不成功的着装传达给上司和客户的唯一信息是：重要的任务不能放心交给你做。职业女性应选择正式的职业套服，但不同的职业有着不同的要求，做教师的当然不能穿吊带装，而时尚杂志的编辑、记者也不要打扮得很古板。所以，职业女性的着装风格要符合职业特点。

其次，要根据自身的特点选择着装。体形娇小的女性适合简洁流畅风格的服装，可以使身形显得修长。身材不高但丰满的女性适合同一色系的衣服，这样可以有使身材变高的感觉，不适合闪光发亮的衣料或带有夸张图案的服装。对于现代女性来说，热衷于流行时装是很正常，身处于这样的大潮之中，即使你不去刻意追求，流行也会左右着你，但要避免过分花哨、夸张的款式。

不同色彩会给人不同的感受，如深色或冷色的服装让人产生视觉上的收缩感，显得严肃庄重；浅色或暖色调的服装会有扩张感，使人显得轻松活泼。要根据自己的肤色来选择服装的色调。一般而言，皮肤白皙的女性，对服装的色彩要求并不严格，适应面较宽；肤色较深的女性既不适合着太过鲜艳的，也不适合黑色的服装，可选择白色或海军蓝；皮肤微黄的女性适合粉红色、浅紫色的服装，这种色彩会增加脸色亮度。

此外，服装的色彩与个人的性格也要相协调。

职业女性在选择最适合自己的着装时，不要过于节俭，一年只穿两套洗得泛白的套装，如果认为花费在职业服装上的金钱是无谓的投资，那就大错特错。沉闷单调的外表会给人一种呆板、不愿与时俱进的印象。不过也不必过于奢侈，选择职业套装时一定要重视质量，但并不是只有名牌服装才质地好，适合自己的才是最好的。针对自身身材缺陷，可以参照前面章节介绍的搭配方法。服饰搭配时要自信，但也不表示需要谢绝所有评语，漠视别人的意见。过分坚持太过自我的装扮，其实也不代表会穿出最适合自己的形象。

职业女性还必须注意，除了穿着应该考究以外，从头至脚的整体装扮也应讲究“整体美”。整体美的重要一点，就是要与自己的妆容相配。

一般来说，职业女性不能不化妆，也不能化浓妆，一般以淡妆为主。淡妆的要点就是简单，若有若无的妆感打造出清新俏丽的外在形象。模特的妆容类似于此，淡淡的眼妆，裸粉色的唇彩，整体看来简单又清新。

化淡妆时，做好护肤工作后，使用妆前乳以点式的方法对皮肤进行拍打吸收，也可在脸上点涂适量BB霜，然后使用指腹从内而外的将霜体推开，使其均匀地帖服于脸上。脸上小瑕疵较多的人在打好底妆后要注意这些，例如可着重遮盖黑眼圈与法令纹，之后打上一层散粉，有助于定妆。然后选择贴紧力比较好的轻薄持久的粉底液均匀打底，可以选择使用粉扑，因为这样会使底妆更加自然。

底妆完成后，先用液体眉笔画出眉毛的轮廓，眉形可以根据平时的形状描画，画完轮廓后用哑光浅棕色的眼影来填满眉毛，注意眉毛的颜色一定要和发色一致，剩余的眼影粉可以画鼻侧影，使鼻子更加的立体。修理眉毛后使用眉刷梳理它，使用眉笔画出饱满的眉毛，之后再次梳理眉毛，让其看上去更自然。

然后用眼影来对眼皮进行打底，均匀地涂在全部的眼皮上，使用浅色眼影涂抹整个眼窝，再使用浅红棕色眼影涂在下眼睑上。使用棕色的眼线笔画出较浅的一条眼线，再使用黑色的眼线笔覆盖，这样有助加深双眼的轮廓。然后再使用带有珠光效果的金色眼影轻轻地补上一层，覆盖在桃色眼影上，用刷子晕开，在下睫毛线的外2/3处也可以刷上一层，让双眸更加的自然有神。在画好眼影后，使用珠光的眼影笔勾勒出细细的眼线，从眼头画起会使眼睛看起来更大，眼尾往下轻轻划开，自然延伸到眼尾，然后使用棉签晕染开来。使用带有纤维的睫毛定型液会让睫毛看起来更加纤长卷翘，方便后续睫毛膏的使用。

再使用玫瑰棕色的眼影笔涂在下睫毛的中央，这样的上妆设计会使眼神看起来更加的清澈。

利用修容粉打阴影，打阴影的时候不要使用过多，因为这样会使整体妆容看起来脏脏的，只需自然地沿着面部轮廓扫一扫即可。

将口红涂在唇中央，用棉签轻轻地将其均匀抹开即可，口红的颜色可以根据肤色自行选择，要与服装的色彩协调，但是切记一定不能厚涂，厚涂的口红会使整体妆容看起来过于浓烈。最后不要忘记涂上一层腮红，可增加脸部立体感，让你的气色变得更好。

7. 浓艳的晚妆与华美的礼服才是绝配

晚妆一般也被称为宴会妆，是彩妆的一种，它是指用粉底、蜜粉、口红、眼影、胭脂等有颜色的化妆品涂抹修饰脸部的妆容，因一般为参加夜晚聚会而化，因此被称为晚妆。晚妆能改变形象，使自己的脸更漂亮，更令人关注。化妆浓重而立体是晚妆的最大特点。

人在社交礼仪中，化妆是基本的礼貌，素面朝天并不会给人好感，尤其在生病、熬夜、身体不适等情况下，素面往往只会真实表现你的憔悴，精致的妆容才会显示出你的美丽，表达你对对方的重视和尊重。但是不分场合的浓妆也是不礼貌的，比如正式商洽签约场合时化着前卫冷傲的妆容，会给人傲慢无礼轻浮的印象；而在聚会中，不施亮彩，淡妆得近于简朴，则又有缺少热情，不合群，有孤傲藐视之嫌。因此，掌握化妆技巧是必要的。

晚妆与日妆相比，具有如下三个方面特点。

一是妆色浓艳

由于晚间社交活动一般都在灯光下进行，灯光多柔和、朦胧，不易暴露出化妆痕迹，反而能更加突出化妆效果。如果妆色清淡，反而显不出化妆效果。因此，晚妆应化得浓艳些，眼影色彩尽可能丰富漂亮，眉毛、眼形、唇形也可作些适当的矫正，更显得光彩迷人。

二是引人注目

晚间化妆，一般是出于应酬的需要，处在一种特定的环境中，它给化妆创造了一种愉悦的心境和良好的氛围，能使人产生一种梦幻般的感觉，这是施展个人化妆技能的极好时机。因此，化晚妆时可在不超出允许的范围内，充分发挥自己的想象力，把自己打扮得更加漂亮，更引人注目。

三是清晰明丽

由于晚间灯光比白天弱，因此妆面要化得比白天清晰、明亮些，否则就达不到化妆效果。

晚妆要化好，也需要技巧。化妆之前，先在面部和颈部涂一层滋润霜，以便发挥粉底的效果。

底粉的颜色一定要比自己的肤色深，再仔细地用海绵扑打妆底粉，使其均匀遮盖。如果眼下的眼晕很黑，应在打妆底粉前涂上盖斑霜。运

用描影色和亮色的化妆技巧，将脸型修饰成椭圆。当然，这只是运用了人的视错觉现象而已，并非真正改变了人的脸型。在颧骨凸出处，涂上浅色的虹彩光的胭脂；在颧骨凹陷处，涂上深色的不泛光的胭脂。为了在夜间显得更有光泽，还可以在颧骨凸出处原来涂有的浅色虹彩胭脂上面，再加一层白金色的眼影，使其亮度增加。在上眼睑部位涂上些眼影，并用眼影在眉骨与上眼睑之间涂出分界线，再用淡色和虹彩色眼影，使眉骨部的色彩亮丽起来。在上下眼睑画眼线，颜色要深。因为深色的眼线在夜间更能衬托出眼睛的明亮和深邃。但需注意的是不要将整个眼睛画成二圈，这样会使眼睛显得小。在下眼睑高出的地方，要用蓝色的眼影或眼线笔涂上几笔。要分次涂上睫毛油，涂完第一层睫毛油后，用眉毛刷梳开睫毛，并除去多余的睫毛油，再用透明的蜜粉，刷在睫毛上，这样刷上，尔后将颜色刷入眉毛。刷眉毛时，先将眉毛用眉毛刷整形后，沾些金色眼影在眉毛。

涂完口红后，将珍珠色或金色唇膏涂在嘴唇上，使嘴唇显得更艳丽。用淡色的眼影在鼻子、颧骨和下颌处，作最后的轮廓描绘。用白色眼影修饰双颊的顶端、鼻梁和下巴。最后用虹彩透明的蜜粉定妆，再用粉刷整理。经过上述几道程序后，一个艳丽的晚妆便显现出来了。可以固定睫毛油。然后再涂上第二层睫毛油。这样，一个完美的晚妆就基本上完成了。

晚妆与日妆有很大的不同，就是因为灯光和自然光相比会造成很大的视觉差异。此外，白天的辛苦和疲惫很容易在脸上显现出来，为了淡化这种状态，突出女人的精气神，晚妆更要强调明艳动人的效果，重点是眼睛和腮红。采用液状的眼影可使眼睛看起来更为生动，但在画眼线时一定要分层次，不然会把眼睛画得死板。画完眼线后，再涂上明色的腮红及少许珍珠粉，眼睛会闪闪发光，显得特别有生气。

梳一个适合自己脸型的发型，抹些发膏后再吹风，使头发显得特别顺滑、光泽亮丽。如果眼睛近视，最好佩戴一副隐形眼镜，哪怕就是平光的，也会有出其不意的效果。因为隐形眼镜是水性的，在灯光折射下，它会产生水灵灵的湿润感，增加妩媚感和魅力。

这样的妆与华丽的晚礼服相互映衬，无疑最能体现出女性的魅力。晚礼服是女士礼服中最高档次、最具特色、充分展示个性的礼服样式，再加上个性披肩或外套、斗篷和华美的装饰手套，打造出令人惊艳的、与白天完全不同的华美造型。

如果身着传统的晚礼服，妆也应当稍微庄重保守一些，浓艳但不夸张。因为传统型晚礼服强调女性窈窕的腰肢，夸张臀部以下裙子的重量感，肩、胸、臂的充分展露，为华丽的首饰留下表现空间。如低领口设计，以装饰感强的设计来突出高贵优雅，有重点地采用镶嵌、刺绣，或是领部细褶，或用华丽花边如蝴蝶结、玫瑰花等，给人以古典、正统的服饰印象。这样的礼服不适合过度夸张或是朋克风的妆容。

如果是现代风格的晚礼服，由于受到各种现代文化思潮、艺术风格及时尚潮流的影响，不拘泥于程式化的限制，注重式样的简捷亮丽和新奇变化，在造型上更加舒适实用、经济美观。如西装套装式、短上衣长裙式、内外两件的组合式甚至长裤的合理搭配也成为晚礼服的穿着。这样的着装在化妆时则可以适当夸张一些。

8. 妆容与服装搭配的禁忌和误区

妆容与服装搭配得当，相得益彰，搭配不当，则会降低整体的气质和风格。比如有时候穿着一件新买的衣服，满心欢喜地期待着朋友或同事的称赞时，他们的反应竟然是：“你怎么了？脸色这么难看，是生病了吗？”这就是因为衣服的颜色与肤色不配造成的。每个人的肤色都有一个基调，有的颜色与某些基调十分合衬，有的却会受很大影响，变得暗淡无光。所以化妆时要注意自己的肤色，搭配衣服时更需要注意肤色。

一般来说，白皙皮肤的女性是幸运的，因为大部分颜色都能令白皙的皮肤更亮丽动人，色系当中尤以黄色系与蓝色系最能突出洁白的皮肤，令整体显得明艳照人，色调如淡橙红、柠檬黄、苹果绿、紫红、天蓝等明亮色彩最适合不过。白皙的皮肤一般百无禁忌，但是如果想要显得自然健康，可以考虑使用比本身肤色稍深的粉底。如果是皮肤缺乏血色、没有光泽度，白得有点不健康，可以用蓝色或粉色修容液修正肤色后再使用粉底，会显得脸色粉嫩、健康。眼影可以选择很多种，没有特别的限制，用淡粉、明黄、浅绿等颜色会比较轻快明亮。唇彩与腮红选淡粉色，肤色会显得健康有光彩。搭配服装时也非常容易，所有颜色随意选，可穿淡黄、淡蓝、粉红、粉绿等淡色系列的服装，都会显得格外青春、柔和甜美；穿上大红、深蓝、深灰等深色系列，会使皮肤显得更为白净、鲜明、楚楚动人。

皮肤偏黄的人，妆容上要多作美白处理，可以使用比自然色亮一点的粉底，或者用紫色的修容液修正肤色后再涂自然色的粉底。紫色修容液可以帮助偏黄肤色显得明亮、红润。适合肤色偏黄的眼影颜色应该是紫色和淡蓝（粉蓝）色，白色与咖啡系的搭配也可以尝试，还有小烟熏妆也不错。腮红和唇彩也在桔色里加一点暖色才会与妆容协调。服装上宜穿蓝色调服装，例如酒红、淡紫、紫蓝等色彩，能令面容更白皙，但强烈的黄色系如褐色、橘红等最好能不穿则不穿，以免令面色显得更加暗黄无光彩。黑白作为基础色对于我们黄皮肤的人而言恰恰是最为合适的，即使是大面积的黑白，都可以放心穿。选择艳色单品时注意选颜色要选择饱和度、纯度高的，例如正红比荧光粉更显白；面料材质选择光泽度比较高的，视觉上会更高级；款式一定要简洁，颜色不要过多过杂。不要选与肤色相近的服装，和肤色相近的颜色，最容易显得肤色暗沉憔悴。因此，黄色系、棕色系、橘色系、驼色系等都不适合皮肤发黄的人。尤其是未经调色的正黄色，一定要避而远之。

如肤色黑，化妆时可以用橘色的粉底液，也可以在橘色或金色的修容液修正肤色后再用自然色的粉底。眼影使用冷色系或暖色系都可，想要出挑的话，选择蓝色系或者橘色、金色的眼影最漂亮，不用避免浅色，天蓝色可以显得健康亮丽。腮红和唇彩建议使用暖色才会与妆容协调，一般来说不宜太过鲜艳，不要刻意突出腮红。不宜着颜色过深或过浅的服装，而应选用与肤色对比不明显的粉红色、蓝绿色，最忌用色泽明亮的黄橙色或色调极暗的褐色、黑紫等。服装搭配上宜穿暖色调的弱饱和色衣着，亦可穿纯黑色衣着，以绿、红和紫罗兰色作为补充色。也可选择三种颜色作为调和色，即白、灰和黑色，主色可以选择浅棕色。此外，略带浅蓝、深灰二色，配上鲜红、白、灰色，也是相宜的。不要穿大面积的深蓝色、深红色等显得灰暗的颜色，这样会使人看起来灰头土脸的。

而肤色偏红润，最好用偏绿的粉底或者用绿色修容液将肤色调整到自然色。眼影一定要用冷色系，比如粉蓝色、嫩绿色、紫罗兰色、黑色。不要选择红色系或其他暖色调的眼影，如橙色、金色、粉色、红棕色等。唇彩与腮红尽量要淡雅一点，颜色不要跳跃。这种肤色的人穿绿色服装效果会很好。白色衣服任何肤色效果都不错，因为白色的反光会使人显得神采奕奕。也可选择非常淡的丁香色和黄色，不必考虑何者为主色。

这种肤色可穿淡咖啡色配蓝色，黄棕色配蓝紫色，红棕色配蓝绿色等。面色红润的黑发女子，最宜采用微饱和的暖色作为衣着，也可采用淡棕黄色、黑色加彩色装饰，或珍珠色用以陪衬健美的肤色。

小麦色皮肤的人，皮肤色调较深，化妆时要注意提亮。服装上选择黑白两色的强烈对比，很适合这类肤色。一些茶褐色系，会让人看起来更有个性。墨绿、枣红、咖啡色、金黄色看起来显得自然高雅，炭灰等沉实的色彩，以及深红、翠绿这些色彩也能很好地突出开朗的个性。相反蓝色系则极不合适，最好别穿蓝色系的上衣。也不适合穿茶绿、墨绿色的衣服，因为与肤色的反差太大。

除了这些搭配禁忌，还有一些妆容和服装搭配上的误区，也是要注意的。

（1）职场妆容误区

一些人以为以浓重的妆容才能更加自信地走进职场。其实不然。职场妆容以自然的淡妆为主，不宜过于浓厚和花俏。平时职场白领妆容的重点是，妆面的颜色要协调柔和，自然大方，以突出女性细心柔美的特质。千万不能太浓或者是突然化一个别出心裁的“扎眼”妆，对自己的整体形象会有影响，甚至女同事都会对你的妆容嗤之以鼻，自然淡雅的妆容最适合办公室。所以不要盲目迎合时尚。像流行的大粗眉、烟熏妆、性感猫眼妆等过于潮的妆容，都不适合办公室。

比如黑色的烟熏妆确实能让双眼看起来更大更有神，这种妆容要是晚上去派对绝对会出尽风头，不过要是用在职场上，浓黑的烟熏妆还是过于戏剧化，也让自己显得不够有气质。粉色系妆容也不适合职场，粉色系会让眼睛看起来红肿，妆容显得不够精致。如果化得不好，带着闪光颗粒的唇膏即使充满未来感，又有丰唇的效果，从远处看过去也会让人觉得嘴没有擦干净，在职场上会引起误会。

在职场中最好以简洁干练的淡妆为宜，清爽干练的外表也会拉近与同事间距离。所以日常职场妆容的选择上我们还是应该追求清新淡雅，提升个人气质的同时又带来亲和力。

（2）社交妆容误区

很多社交新鲜人，习惯单纯地把生活妆加浓，然后照搬到社交场合，当作社交妆容。事实上，这种做法是绝对错误。因为生活妆追求得体，往往缺少重点，会让人觉得过于平淡。而单纯加浓妆容，不顾场合，更会贻笑大方。所以社交妆要突出自己的重点，眉毛、眼睛、嘴巴、面颊，这些面部的视觉重点，并不需要面面俱到，只要在其中一方面下足功夫就行。比如你要去出席时尚感比较强的Party或宴会，圆脸、四方脸或是长方脸的女性，不妨画一道流行度超高的粗眉，就会变得大不同，容易让人记住。

社交时常常会忽略妆效与服装质地的搭配，比如穿了光泽感很强的服装，却画了哑光效果的妆容，或者穿了麻质和棉质的服饰，妆容却画得光泽闪烁，从整体上看，觉得很不协调。这就需要我们把妆容与服装协调起来。社交场合中，最常见的就是有光泽感的面料，如丝绸、丝绒的礼服。其实，就算是穿着布料礼服，微微带有光泽感的妆容也能够与其繁复华丽的细节相搭配。微光感体现在妆容上，重点就是要保持肌肤的光泽感和通透感。可以在化妆时使用带点珠光效果的底霜或凝露，不仅能把皮肤提亮整整一个色号，还能填平毛孔的凹凸和细小的缺水纹，让粉底打上去能反射出光泽来。另外，嘴唇中间一点闪烁的珠光，眼窝中央、内外眼角的一点闪烁的金色闪粉，都能立即提亮整体的妆容光彩度，让你在社交场合光芒四射。

厚重得像面具一样的底妆、过于艳丽的腮红、太过夸张的假睫毛，这些化妆化得太过了的情形，很容易被社交狂热派遇到，有时候太想表现自己，却适得其反。其实大可不必这样。很多社交场合，如宴会厅、会议厅等，灯光都很亮，所以妆容效果不匀称，在强灯光下立即无处遁形，

如下颌、鼻窝、脖子、额头、嘴角等部位，在去社交场合前涂抹粉底液要稍厚一点，而面颊、T型区则可以稍薄透一点，这样厚此薄彼的方法能够让妆容在强烈的光线下也无比匀称。另外，若是不小心挤出了多余的粉底液，涂抹在脖子上比面颊更合适。腮红一定要站在光源下方来涂抹，侧光源下化妆容易让你的腮红色一边重一边轻，若是用腮红刷，则蘸了腮红以后轻轻抖一下，让多余的粉掉了再刷，这样不容易刷多。假睫毛不要选择前侧太长的，眼角稍微长一些的假睫毛，会让人从侧面看也有很漂亮的线条，正面看又不觉得很夸张。

很多人做足了服饰、妆容、发型等功课，但却忽视了细节。比如涂了唇膏还能看出很深的唇纹，在人多的地方一会儿就能看到T字部位的油光，这些细节都成了整体的败笔。上妆之前，千万别怕麻烦，要在上妆前用到控油打底霜，尤其在T字部位多涂抹一层，这样能控制皮肤的油脂和汗液分泌，保持更长的带妆时间。在涂抹唇膏之前，先用遮瑕膏和润唇膏混合均匀后涂抹在双唇上，既能滋养干燥的双唇，而且还能淡化唇纹，很多明星都是用这个办法，让唇妆细节也无可挑剔。

唇色一定要与服装搭配。若你穿的是暖色调的衣服，比如红色、黄色系的晚礼服，那么画一个樱桃红带点金色的红唇，会有整体的协调感；若穿的是黑色和灰色等冷色调的衣服，选择偏酒红色的唇膏则更适合。

（3）卸妆误区

再美的妆，最后还是要卸掉，可千万不要舍不得卸。卸妆是每天必须做的工作。它的目的是清除残妆、汗水、皮脂分泌物以及附着在肌肤上的大气中的污垢。不卸妆对皮肤的伤害很大，所以卸妆是千万不能省略的。

卸妆可用乳化卸妆油或高级护肤香皂，以清洁面部，保护皮肤。用卸妆油时，可先把卸妆油放在两个手掌上，轻揉面部皮肤，使化妆油彩与卸妆油混合，再用纸巾擦掉，然后用温水冲洗面部和颈部。若用护肤香皂卸妆，与平常洗脸一样，只是不要用毛巾用力擦脸，把香皂涂在手上轻轻擦脸，再用温水冲洗。去掉口红时，不要用纸直接擦，可用专门除去口红的乳霜，或普通冷霜，只要涂少许在嘴唇上，然后轻轻擦掉。卸妆后，要用营养护肤霜涂抹面部皮肤，加强面部皮细胞的活力，以保护皮肤。

卸妆应按照眼睛、眉毛、嘴唇、面颊的顺序进行，具体方法是：首先清除睫毛膏。用化妆棉签蘸取少量眼部卸妆剂，顺眼睫毛生长方向，由睫毛根部向睫毛尖部轻拭，清除眼睫毛上的睫毛膏。

其次清除眼线。用棉签蘸取少量眼部卸妆剂，沿眼睑缘由内眼角向外眼角轻轻滚抹，分别对双眼的上眼线进行清洗。睁开眼睛，将下眼皮略向下拉，用沾有眼部卸妆剂的棉签，沿下眼睑边缘，由内眼角向外眼角滚抹，分别对双眼的下眼线进行清洗。

接下来清洗眼影及眉部。将沾有卸妆剂的棉片，分别覆盖在双眼的眼睑和眉部，轻轻向两边拉抹，清除眼影和眉部的妆容。

再清除唇膏。一手轻轻按住嘴角的一边，另一手用沾有唇部卸妆剂的棉片，由按住的一侧嘴角拉抹至另一侧，清洗唇部。

最后清除颊红。取适量卸妆剂抹在脸颊上，用手指在脸颊两侧，顺着颧肌走向，向上向外轻揉，加少量温水，使粉底乳化变白，再用温水冲净，清洗脸颊。